2D/3D JISUANJI HUITU JIAOCHENG

2D/3D 计算机绘图教程

主　编　王淑侠
副主编　蔡旭鹏　王关峰

西北工业大学出版社

图书在版编目(CIP)数据

2D/3D 计算机绘图教程/王淑侠主编 . —西安:西北工业大学出版社,2017.7
ISBN 978 - 7 - 5612 - 5439 - 4

Ⅰ.①2… Ⅱ.①王… Ⅲ.①室内装饰设计—计算机辅助设计—教材
Ⅳ.①TU238.2 - 39

中国版本图书馆 CIP 数据核字(2017)第 179041 号

策划编辑:付高明
责任编辑:付高明

出版发行:西北工业大学出版社
通信地址:西安市友谊西路 127 号   邮编:710072
电   话:(029)88493844,88491757
网   址:www.nwpup.com
印 刷 者:兴平市博闻印务有限公司
开   本:787 mm×1 092 mm   1/16
印   张:19.5
字   数:461 千字
版   次:2017 年 7 月第 1 版   2017 年 7 月第 1 次印刷
定   价:58.00 元

前　　言

计算机绘图早已广泛应用于航空、造船、汽车、机械、电子、建筑、服装等工程领域,这使得工程技术人员的工作内容和方式发生了巨大变化。大雄机电 CAD 是我国自主知识产权的二维计算机绘图软件;SolidWorks 是美国达索公司推出的目前世界上应用最为广泛的 CAD/CAM/CAE 集成三维软件之一,其三维参数化建模功能强大。

本书的作者均是长期从事机械制图的教学工作,采用大雄机电 CAD 和 SolidWorks 进行计算机绘图的教学,跟踪了工程图学课程和国家标准的技术发展。本书具有如下特点。

(1)本书内容是多年计算机绘图教学及应用经验的总结,以机械制图为主线,注重现代工程实际,采用最新国家标准,叙述通俗易懂,案例以机械制图常见零部件为主。

(2)本书共分三部分(11 章):第一部分(1～3 章)计算机绘图基础,简要介绍计算机绘图发展与展望,并重点介绍 2D/3D 计算机绘图的国家标准;第二部分(4～5 章)2D 计算机绘图,详细介绍大雄机电 CAD 二维工程绘图软件——DXCAD 软件的常用功能、使用方法和技巧;第三部分(6～11 章)3D 实体造型设计,详细介绍 SolidWorks 的常用功能、使用方法和技巧,包括二维草图绘制、实体特征造型、装配体设计、零件工程图和综合案例——球阀。此外,在 7～9 章的内容中包括综合举例,有助于教师教学和学习者巩固所学知识。

(3)本书特别适用于作为工科院校计算机绘图课程教材或 CAD 培训教材,还可供计算机绘图的初学者使用。

本书各部分内容的编写分工如下:第一部分——王淑侠、孙根正,第二部分——蔡旭鹏、王淑侠、廖达雄,第三部分——王淑侠、王关峰。本书由王淑侠任主编,负责统稿并定稿。

在本书编写过程中,西北工业大学学生孙炎、孙悍驹、李伟、何伟、熊华强和王守霞做了大量工作,在此表示诚挚的感谢。

在本书编写过程中查阅并参考了国内外同类作品,特向有关作者表示感谢。

由于水平有限,本书的不足之处,恳请各位专家、同仁及读者批评指正。

编　者
2016 年 12 月

目　录

第1章

计算机绘图的基本知识

计算机绘图(Computer Graphics,简称CG)是应用计算机来处理图形信息,从而实现图形的生成、显示及输出的计算机应用技术,是工程技术人员必须掌握的基本技能之一。在新产品设计中,除了必要的计算外,绘图占用了大量时间,采用计算机绘图后缩短了产品开发周期,促进了产品设计的标准化、系列化,所以说,计算机绘图是计算机辅助设计(Computer Aided Design,简称CAD)的最重要组成部分。

1.1 计算机绘图的发展与展望

计算机绘图起源于 20 世纪 50 年代初期,它几乎是与计算机的发展同步发展起来的。在计算机发展初期,人们可以利用打印机等硬拷贝设备打印出粗略的图形。到了 20 世纪 70 年代末期,伴随着微型计算机技术的不断发展,微型计算机绘图及其显示技术得到了进一步的应用和发展,独立于硬件设备的交互式图形软件包的出现,使计算机绘图得以迅速推广和使用。自 20 世纪 90 年代末以来,由于微机硬件和软件的迅速发展,交互式微机绘图已由大中型计算机扩展到微型计算机。计算机绘图已由最初的静态绘图发展到动态交互式绘图,它为设计人员提供实时的输入、输出的图形编辑功能及方便的图形修改能力。完善的二维绘图功能与三维实体造型功能相结合,使计算机绘图与计算机辅助设计成为一个有机整体,增强了设计和绘图能力。与传统的手工绘图相比,计算机绘图主要有如下一些优点。

(1)高速的数据处理能力,极大地提高了绘图的精度及速度,与计算机辅助设计相结合,使设计周期更短,速度更快,方案更完美;

(2)强大的图形处理能力,能够很好地完成设计与制造过程中二维及三维图形的处理,并能随意控制图形显示,以及平移、旋转和复制等;

(3)良好的文字处理能力,能填加各类文字,以及快捷的尺寸自动标注和自动导航、捕捉等功能;

(4)具有实体造型、曲面造型、几何造型等功能,可实现渲染、真实感、虚拟现实等效果;

(5)有效的数据管理、查询及系统标准化,同时还提供强大的二次开发接口;

(6)先进的网络技术,包括局域网、企业内联网和 Internet 互联网上的传输共享等;

(7)友好的用户界面,方便的人机交互,在计算机上模拟装配,不仅可避免经济损失,而且方便、快捷。

1.2　计算机绘图系统

　　计算机绘图系统是基于计算机的由软件系统和硬件系统组成的系统,软件是计算机绘图系统的核心,而相应的系统硬件设备为软件正常运行提供了基础保障和运行环境。一些学者提出任何功能强大的计算机绘图系统都只是一个辅助工具,系统的运行离不开系统使用人员的创造性思维活动。因此,使用计算机绘图系统的技术人员也属于系统组成的一部分,将软件、硬件及人这三者有效地融合在一起,是发挥计算机绘图系统强大功能的前提。

1.2.1　计算机绘图系统的硬件组成

　　计算机绘图系统的硬件由三大部分构成:输入设备、主机和输出设备。图 1-1 所示是计算机绘图系统的构成。

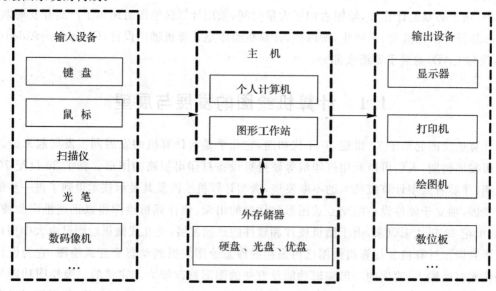

图 1-1　计算机绘图系统的构成

1. 主机

　　主机由中央处理器(CPU)和内存储器(内存)等组成,是整个计算机绘图系统的核心。CPU 的性能决定着计算机数据处理能力、运算精度和速度。内存是存放运算程序、原始数据、计算结果等内容的记忆装置,如果内存容量过小,将直接影响计算机绘图软件系统的运行效果。这是因为,内存容量越大,主机能容纳和处理的信息量也就越大。按平台配置的不同,主机可分为个人计算机和图形工作站两类。

2. 外存储器

　　虽然内存储器可以直接和运算器、控制器交换信息,存取速度很快,但内存储器成本较高,且其容量受到 CPU 直接寻址能力的限制。外存储器(外存)作为内存的后援,使计算机绘图系统将大量的程序、数据库、图形库存放在外存中,待需要时再调入内存进行处理。外存设备通常包括硬盘、光盘、U 盘等。

3.图形输入设备

在计算机绘图过程中,不仅要求用户能够快速输入图形,而且还要求能够将输入的图形以人机交互方式进行修改,以及对输入的图形进行图形变换(如缩放、平移、旋转)等操作。因此,图形输入设备在计算机绘图硬件系统中占有重要的地位。目前,计算机绘图系统常用的输入设备有键盘、鼠标、扫描仪等。

4.图形输出设备

图形显示器是计算机绘图系统中最为重要的硬件设备之一,主要用于图形图像的显示和人机交互操作,是一种交互式的图形显示设备。图形显示器按显示设备可分3种类型:阴极射线管显示器(CRT)、液晶显示器(LCD)和等离子显示器等。目前,液晶显示器和等离子显示器的应用越来越多,已呈现出取代基于CRT的光栅扫描式显示器的趋势。衡量显示器性能的主要指标是分辨率和显示速度。对于光栅扫描式显示器而言,沿水平和垂直方向单位长度上所能识别的最大像素点数称为分辨率。对于相同尺寸的屏幕,点数越多,距离越小,分辨率就越高,显示的图形也越精细。显示速度同显示器在输出图形时采用的分辨率以及计算机本身处理图形的速度有关。从人机工程学的角度来看,通常应满足人眼观察图形时不出现闪烁的基本要求,图形屏幕的刷新速度应不低于30帧/s。常用的图形输出设备包括图形显示器、打印机、绘图仪、数位板等,其中常用的打印机主要有针式、喷墨、激光打印机等。

1.2.2 计算机绘图系统的软件组成

计算机软件是指控制计算机运行,并使计算机发挥最大功效的各种程序、数据及文档的集合。在计算机绘图系统中,软件配置水平决定着整个计算机绘图系统的性能优劣。因此,通常认为硬件是计算机绘图系统的物质基础,而软件则是计算机绘图系统的核心。从计算机绘图系统的发展趋势来看,软件占据着愈来愈重要的地位。

可以将计算机绘图系统的软件分为3个层次,即系统软件、支撑软件和应用软件。系统软件是与计算机硬件直接关联的软件,一般由专业的软件开发人员研制,它起到扩充计算机功能以及合理调度与使用计算机的作用。系统软件有2个特点:一是公用性,无论哪个应用领域都要用到它;二是基础性,各种支撑软件及应用软件都需要在系统软件的支撑下运行。支撑软件是在系统软件的基础上研制的,它包括计算机绘图时所需的各种通用软件。应用软件则是在系统软件及支撑软件支持下,为实现某个应用领域内的特定任务而开发的软件。下面分别对这3类软件进行具体介绍。

1.系统软件

系统软件主要用于计算机的管理、维护、控制、运行,以及计算机程序的编译、装载和运行。系统软件包括操作系统和编译系统。操作系统主要承担对计算机的管理工作,其主要功能包括文件管理、外部设备管理、内存分配管理、作业管理和中断管理。编译系统的作用是将用高级语言编写的程序翻译成计算机能够直接执行的机器指令。有了编译系统,用户就可以用接近于人类自然语言和数学语言的方式编写程序,而翻译成机器指令的工作则由编译系统完成。这样就可以使非计算机专业的各类工程技术人员可以用计算机来实现绘图任务。常用的操作系统包括DOS,Windows,UNIX等,常用的编译系统包括Visual Basic,Visual C++,Java等

2．支撑软件

支撑软件是计算机绘图软件系统的核心，是为满足计算机绘图工作中一些用户的共同需要而开发的通用软件。近 30 多年来，由于计算机应用领域迅速扩大，因此支撑软件的开发研制有了很大的进展，推出了种类繁多的商品化支撑软件，包括 SolidWorks，UG，Inventor 等。

3．应用软件

应用软件是在系统软件、支撑软件的基础上，针对某一专门应用领域而开发的软件。这类软件通常由用户结合当前绘图工作的需要自行研究或委托开发商进行开发，此项工作又称为"二次开发"。能否充分发挥已有计算机绘图系统的功能，应用软件的技术开发工作是很重要的，也是计算机绘图从业人员的主要任务之一。目前常见的支撑软件都提供了自己的二次开发接口，如 AutoCAD，SolidWorks 等。

1.3　二维计算机辅助绘图

目前，二维计算机绘图已进入普及化和实用化阶段，在航空、造船、汽车、机械、电子、建筑、服装等行业得到了普遍应用。

1.3.1　二维计算机绘图特点

二维计算机辅助绘图与传统的手工尺规绘图在思路上基本相同，前者使用计算机作为手工的一种替代形式，在画图的过程中提供了一些快速修改的工具。二维计算机绘图必然取代传统尺规绘图，其主要特点包括以下几方面。

1．劳动强度降低，图面清洁

手绘绘图，工作人员常常拿着几只不同类型的铅笔，丁字尺、三角板、曲线板等工具不停地在手里更换，而且一旦画错，修改非常费事，甚至要从头来画，图面经常修补会显得脏乱不堪。用二维计算机绘图系统则可以通过鼠标、键盘等输入工具做需要的所有尺规绘图的事情。而且，有统一的线型库、字体库，图面整洁统一。通过二维计算机绘图系统进行绘图能真正做到方便、整洁、清洁、轻松。

2．设计工作的高效及设计成果的重复利用

二维计算机绘图之所以比手工尺规绘图高效，因其具有拷贝、撤销、存储、删剪等功能。一些相近、相似的工程设计，图纸只要简单修改一下就行了，或者直接套用，而只需按几下键盘、鼠标。而且现在流行的二维计算机绘图软件大多提供丰富的图库（包括标准件库、电器库等），设计师需要时可以直接调入，重复工作越多，这种优势越明显。二维计算机绘图系统均提供的撤销功能让人不必担心画错，它可以返回到画错之前的那一步。

3．资料保管方便

通过二维计算机绘图软件完成的图形、图像文件可直接存储在 U 盘、硬盘上，这使得资料的保管、调用极为方便。可以将设计项目刻录成光盘，数据可以保存多年。可以将以前的图纸通过扫描仪、数字化仪输入电脑，避免资料因受潮、虫蛀以及破坏性查阅造成的不必要损失。资料的管理更有科学性，只要一台电脑就可以管理得井井有条，资料室也将告别成排的资料柜,一个单位所有的图纸资料只需几张光盘就可以装下。

1.3.2　常用二维计算机绘图软件简介

下面对常见的二维计算机绘图软件进行简单介绍。

1. 大雄 CAD

大雄二维绘图系列软件由西北工业大学机电学院廖达雄老师领衔开发,采用 VC 7.0 编程语言及 GDI＋图形库。本系列绘图软件从底层做起,拥有完全的自主版权,适用于 Windows 2000/XP/Vista/WIN7 操作系统。本系列绘图软件由四部分构成:①多媒体教学授课绘图平台,主要用于本科生画法几何多媒体教室授课;②上机实验软件,主要用于计算机绘图上机练习;③引导式多媒体教材,帮助学生快速、便捷掌握计算机绘图基础知识及软件使用;④厂矿企业实用的、专业化绘图软件,用于厂矿企业实际设计绘图。该软件多年来已全面用于西北工业大学本科生工程制图系列课程教学、计算机绘图教学及实验等。

2. CAXA

CAXA 是我国 CAD/CAM/CAPP/PDM/PLM 软件的优秀代表。CAXA 软件最初起源于北京航空航天大学,经过 10 多年市场化、产业化和国际化的快速发展,目前已成为"领先一步的中国计算机辅助技术与服务联盟(Computer Aided X,Ahead & alliance)",产品覆盖设计(CAD)、工艺(CAPP)、制造(CAM)与协同管理(EDM/PDM)四大领域,有近 20 个模块和构件,构成 CAXA－PLM 集成框架。目前的 CAXA 软件包括 9 大系列 30 多种 CAD,CAPP,CAM,DNC,PDM,MPM 以及 PLM 软件产品和解决方案,覆盖了制造业信息化设计、工艺、制造和管理四大领域。产品包括实体设计、电子图板、工艺图表(CAPP)、制造工程师(CAM)、线切割(CAM)等。

3. AutoCAD

AutoCAD 诞生于 1982 年,最初的 1.0 版只具有简单的二维绘图功能,但同其他大型、专业化的 CAD 软件相比,它对计算机系统的要求较低、价格便宜、具有较高的性能价格比。经过 20 多年的发展,AutoCAD 目前已广泛应用于机械、建筑等众多二维计算机绘图领域,其DWG/DXF 文件格式已成为事实上的国际标准。

1.4　三维计算机辅助设计

区别于二维计算机绘图,三维计算机设计在设计思路和设计方法上完全不同。三维计算机辅助设计 CAD 不仅仅是二维计算机辅助设计的升级,其三维造型、曲面设计、参数化驱动彻底改变了设计人员的设计习惯,使设计过程与最终产品紧密相关,大幅度地提高了设计速度和设计质量。同时三维计算机辅助设计包含装配模拟及干涉检验,以及外围的 CAE 和 CAM 等辅助功能让设计过程进入全新的境界,蕴含着强大的生命力。三维设计是创建数字样机,实现产品全周期数字化的有力工具。

1.4.1　数字样机

数字样机是相对于物理样机而言的,指在计算机上表达的机械产品整机或子系统的数字化模型,它与真实物理产品之间具有1∶1的比例和精确尺寸表达,起到用数字样机验证物理样机的功能和性能。由此可见,产品的数字样机形成于产品的设计阶段,可应用于产品的全生命周期,包括工程设计、制造、装配、检验、销售、使用、售后、回收等环节;数字样机在功能上可实现产品干涉检查、运动分析、性能模拟、加工制造模拟、培训宣传和维修规划等方面。数字样机具有以下三个技术特点。

(1)真实性。数字样机产生的根本目的是为了取代或精简物理样机,所以数字样机必须在仿真的重要方面具有同物理样机相当或者一致的功能、性能或者内在特性,即能够在几何外观、物理特性以及行为特性上与物理样机保持一致。

(2)面向产品全生命周期。数字样机是对物理产品全方位的一种计算机仿真,而传统的工程仿真一般仅是对产品某个方面进行测试,以获得产品该方面的性能。数字样机是由分布的、不同工具开发的甚至是异构子模型的联合体,主要包括产品模型、外观模型、功能和性能仿真模型、各种分析模型、使用维护模型以及环境模型。

(3)多学科交叉性。复杂产品设计通常覆盖机械、控制、电子、流体动力等多个不同领域。要想对这些产品进行完整而准确的仿真分析,必须将多个不同学科领域的子系统作为一个整体进行仿真分析,使得数字样机能够满足设计者进行功能验证与性能分析的要求。

1.4.2 三维设计模块

三维设计可分为零件设计、装配体设计、投影工程图3个不同的阶段。三维设计的最大特点是设计过程各阶段具有全相关性,使得设计者在任何阶段对设计的修改都会影响其他阶段,设计过程变得非常灵活和轻松,大大提高了设计效率。使用三维工具进行产品设计具有快速、准确、高效的特点。

(1)快速:常规的二维计算机绘图,需设计者把真实三维实体转化成具有约定好的、抽象的工程语言,然后再根据二维图纸还原为三维模型;三维设计则直接借助于真实实体去设计虚拟实体,省去了中间环节。

(2)准确:正因为常规的二维计算机绘图中间环节的出现,增加了出错的概率。例如,设计员人为导致抽象工程语言表达失误或者主观表述工程图纸的错误都会导致最终设计产品偏离设计的初衷。

(3)高效:三维工具的参数化和全相关性,使得设计变得容易且修改简单。

1. 零件设计

三维设计开始于零件模型的构建,设计者从产品要求和零件的功能入手,对产品的每个零件构建虚拟三维零件模型。

在如图1-2所示的某球阀的阀盖和阀体的零件模型中,零件包含的所有几何信息都是以三维实体的形式建立特征按不同的方式组合就形成了零件的三维模型。利用零件的三维模型,对产品的设计和制造都有不同类型的应用,包括:①生成零件的工程图纸;②用于产品的装配,验证设计的合理性;③对零件进行应力分析和强度校核;④产生数控加工代码,直接进行零件加工;⑤产生零件的模具型腔。

2. 虚拟装配

利用三维零件模型可以实现产品的虚拟装配。将两个或多个零件模型(或部件)按照一定约束关系进行安装,形成产品的虚拟装配,如图 1-3 所示为某球阀的虚拟装配模型。

图 1-2　某球阀的阀盖和阀体的零件模型

图 1-3　某球阀的虚拟装配模型

通过自顶向下的设计,工程师能够在装配环境中参考虚拟装配体其他零件的位置及尺寸设计新零件,更加符合工程习惯。

利用三维设计软件对产品进行虚拟装配,不仅可以进行产品的结构验证,而且可以形成产品的真实效果图像以及对产品进行运动分析。

利用产品的虚拟装配模型,可以进行如下操作。

(1)生成产品的爆炸图;

(2)虚拟装配体模型转装配体工程图;

(3)产品结构验证,分析设计的不足以及查找设计中的错误;

(4)对产品进行运动分析和动态仿真,描绘运动部件特定点的运动轨迹;

(5)生成产品的真实效果图,提供"概念产品";

(6)生成产品的模拟动画,演示产品的装配工艺过程。

零件和装配可以统称为虚拟模型。利用模型文件,可以快速、自动生成工程图文件。与传统的计算机辅助绘图相比,利用模型文件生成工程图只需要简单地指定模型的投影方向、插入模型的尺寸或添加其他的工程图细节,就可以完成零件或装配体的工程图。

在如图 1-4 所示的球阀阀盖的工程图中,所有视图都是通过模型投影得到的,尺寸以及注解都可以在模型中建立并插入到当前工程图。同时,由于设计过程的全相关性,当模型的形状发生变化时,工程图中所有相关的视图和尺寸都将产生相应的变化。

1.4.3　参数化三维设计的特点

要想理解参数化,必须知道参数化的 4 个主要特点:基于特征、基于约束、数据相关和尺寸驱动设计修改。接下来将介绍参数化三维设计软件的一些基本的建模准则,理解掌握特征参数化技术的应用,将在 3 维建模方面受益匪浅。

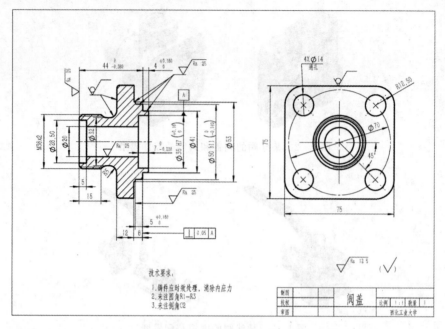

图 1-4　阀盖的工程图

1. 特征建模

特征建模被誉为 CAD/CAM 发展的新里程碑,它的出现和发展为解决 CAD/CAPP/CAM 集成提供了理论基础和方法。什么是特征?特征就像装配体是由许多单独零件组成的一样,模型是由许多单独的元素组成的,这些元素被称为特征。特征是建模的基础,一般来说,特征构成一个零件或组件的单元,虽然从几何形状上看,它包含作为一般三维模型的基础的点、线、面或者实体单元,但更重要的是,它具有工程制造意义。

建模时,模型使用智能化的、易于理解的几何特征,如拉伸体、旋转体、孔、筋、圆角、倒角和斜度来创建,在特征创建时就可以直接加入到零件中。

三维建模软件中的特征可以分为如下 4 种。

(1)基础特征:基于草图的特征,通常草图可以通过拉伸、旋转、扫描或放样转换为实体。

(2)处理特征:用于在基础特征上进行修饰,圆角、倒角、抽壳和斜度就属于这类特征。

(3)操作特征:在基础特征和处理特征基础上进行操作,如阵列特征、镜像特征等。

(4)参考特征:用做创建其他特征时的参考,如基准平面、基准轴和参考点等。

一般在特征管理器(也称作模型树,见图 1-5)中显示模型基于特征的结构,特征管理器不仅可以显示特征创建的顺序,而且还可以很容易地得到所有特征的信息,以及对特征的各个参数和创建顺序进行修改。

特征参数化造型时需要注意如下两点。

(1)建模时要尽量使用简单的特征来组合形成模型,参数化建模软件是由尺寸来驱动的,越简单的特征,尺寸越少,越容易修改编辑,这样可以使设计意图更加有弹性。

(2)特征的次序对模型的意图影响很大。由于基础特征将作为其他特征的建模基准,因此基础特征是模型的几何基础,应将其作为设计中心。

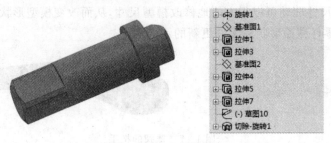

图 1-5　球阀的阀杆

以实体造型为主的三维设计软件,实体造型方法是通过许多特征根据布尔运算及一系列几何约束来生成模型的。也就是造型时必须有一个基础特征作为基础,然后在其上添加特征或去除来最终生成复杂模型,这个基础特征通常称为基体特征。图 1-6 所示是一个盒盖的生成过程,其中第一个特征就是基体特征。

图 1-6　球阀的阀芯

基体是模型的第一个特征,也是创建模型的第一步,因此基本特征的确定对于合理构造模型来说是比较重要的。一般选择一个既符合建模设计思想,轮廓又尽可能大的实体作为基体。

基体特征应当是添加材料的特征,所以拉伸特征就可以用作基体特征,而拉伸切除特征是去除材料的,不能作为基体特征。同样地,对于旋转、拉伸和放样特征,如果是添加材料的,可以作为基体特征,反之是去除材料的,则不能作为基体特征。

2.参数约束

参数软件支持约束,如平行、垂直、水平、竖直、相切、同心这样的几何关联。此外,还可以通过方程来建立参数间的数学关联,通过使用约束和方程,可以保证捕捉并维持像通孔或等半径这样的设计意图。

特征的约束数目如果少于必须要求的约束数目,则会形成欠约束,如果约束数目过多,则会形成过约束。图 1-7 所示是绘制球阀的把手的截面草图并进行拉伸得到实体的示例。

用于创建的尺寸和关系可以捕捉并存于模型中,这不仅方便捕捉意图,而且还便于快速而容易地修改模型。

3.尺寸驱动修改

驱动尺寸是指创建特征时所用的尺寸,包括与草图几何体相关的尺寸和与特征自身相关的尺寸。如圆柱体的直径由草绘圆的直径控制,高度由创建特征时的拉伸深度决定。

参数化建模软件使用尺寸来驱动特征,已建立的模型可以随着尺寸的改变而改变。这一特性也为修改设计意图带来方便,一般来说,在建立设计意图时,对要设计的模型不可能事先决定所有的细节,尺寸驱动可以很方便地修改模型尺寸,从而改变模型形状,达到设计要求,图1-8 所示是修改零件截面形状后零件更新的示例。

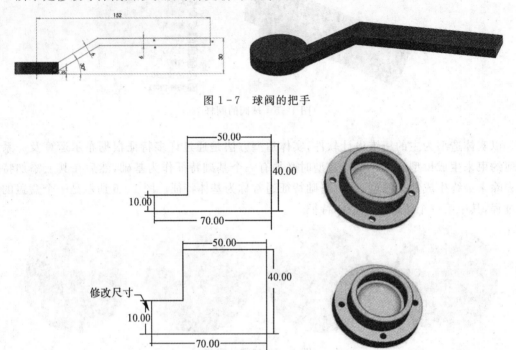

图 1-7　球阀的把手

图 1-8　用球阀的填料压紧套

4. 数据相关性(举例)

实体模型是 CAD 系统中所使用的最完全的几何模型类型,它包含了完整描述模型边、表面所必须的所有线架和表面几何信息,除了几何信息,还包括了把这些几何体关联到一起的拓扑信息。

单一数据库使得零件模型、装配模型、制造模型、工程图之间是全相关的,它将所有数据放置在单一数据库上,即在整个设计过程中的任何一处发生参数改动,都可以反映到整个设计过程的相关环节上。所有模块都是全相关的,意味着在产品开发过程中某一处进行的修改能够扩展到整个设计中,同时自动更新所有的工程文档,包括装配体、设计图以及制造数据,这样可以降低资料转换的时间,大大提高设计效率。

模型与它的工程图及参考它的装配体是全相关的,对模型的修改会自动反映到与之相关的工程图和装配体中。同样对工程图和装配体中进行修改,会自动反映到模型之中。三维设计的这种相关性,最大程度地提高了设计人员管理涉及文件盒修改模型的方便性和高效性,也有效保证了设计数据的一致性和统一性。设计人员需要修改工程图的尺寸时,可以通过以下几种方法实现。

(1)直接在工程图中双击尺寸进行修改;

(2)可以打开工程图参考的零件,在零件中进行修改;

(3)可以在装配体中找到相应零件的尺寸进行修改。

上述的 3 种修改方法,都可以达到相同的修改效果,对零件模型而言,零件大小发生变化,对工程图而言,工程图中所有的视图都将进行相应的变化。

1.4.4　常用三维计算机绘图软件简介

下面对常见的三维计算机绘图软件进行简单介绍。

1. SolidWorks

SolidWorks 是由美国 SolidWorks 公司研制开发的一套 CAD/CAE/CAM/PDM 桌面集成系统,是基于 Windows 平台的全参数化特征造型软件。该软件是世界上第一个基于 Windows 开发的三维 CAD 系统,由于技术创新符合 CAD 技术的发展潮流和趋势,加之 SolidWorks 出色的技术和市场表现,因此不仅成为 CAD 行业的一颗耀眼的明星,也成为华尔街青睐的对象。终于在 1997 年由法国达索公司以 3.1 亿美元的高额市值将 SolidWorks 全资并购。SolidWorks 功能强大、易学易用和技术创新是 SolidWorks 的三大特点,使得 SolidWorks 成为领先的、主流的三维 CAD 解决方案。SolidWorks 能够提供不同的设计方案、减少设计过程中的错误以及提高产品质量,组件繁多。SolidWorks 不仅提供如此强大的功能,同时对每个工程师和设计者来说,操作简单方便、易学易用。美国著名咨询公司 Daratech 所评论:"在基于 Windows 平台的三维 CAD 软件中,SolidWorks 是最著名的品牌,是市场快速增长的领导者。"

2. Inventor

Inventor 是美国 Autodesk 公司的产品,是一款集三维机械设计、仿真、工装模具的可视化和文档编制工具集的三维设计软件。Inventor 产品零部件的各个视图和图纸数据具有关联性,独特的适应技术使其具有优秀的模型转换工程图的能力。

3. CATIA

CATIA(Computer Aided Tri-Dimensional Interface Application)是法国达索公司的产品开发旗舰解决方案。产品开发商 Dassault System 成立于 1981 年,是世界上一种主流的 CAD/CAE/CAM 一体化软件。CATIA 支持从项目前阶段、具体的设计、分析、模拟、组装到维护在内的全部工业设计流程,广泛应用于航空航天、汽车制造、造船、机械制造、电子/电器、消费品行业,它的集成解决方案覆盖所有的产品设计与制造领域。

4. NX(UG)

NX(UG)是美国 UGS(Unigraphics Solutions)公司的主导产品,是集 CAD/CAE/CAM 于一体的三维参数化软件,是面向制造行业的 CAID/CAD/CAE/CAM 高端软件,是当今最先进、最流行的工业设计软件之一。它集合了概念设计、工程设计、分析与加工制造的功能,实现了优化设计与产品生产过程的组合,被广泛应用于机械、汽车、航空航天、家电以及化工等各个行业。

5. Pro/Engineer

Pro/Engineer(简称 Pro/E)是美国参数技术公司(Parametric Technology Corporation,PTC)推出的三维设计软件,是一款提供了产品的三维设计、加工、分析及绘图等功能的完整的 CAD/CAM/CAE 解决方案,是一款单一数据库、参数化、基于特征、全相关概念的通用 CAD

系统。其模块众多,用户可利用 Pro/E 及其相关软件 Pro/Designer,Pro/Mechanica 等进行工业设计、有限元结构仿真分析和加工制造等设计开发工作。Pro/E 软件将设计至生产的全过程几乎全部整合到一起,可实现各部门的协同工作,即实现并行工程。同时针对不同用户对于 CAD 软件的不同需要,Pro/E 还提供了较大的二次开发的空间,使其适应性更强。

6. SolidEdge

SolidEdge 是 Siemens PLM Software 公司旗下的三维 CAD 软件,采用 Siemens PLM Software 公司自己拥有专利的 Parasolid 作为软件核心,将普及型 CAD 系统与世界上最具领先地位的实体造型引擎结合在一起,是基于 Windows 平台、功能强大且易用的三维 CAD 软件。

7. I-DEAS

I-DEAS 是美国 SDRC 公司开发的一套完整的 CAD/CAM 系统,其侧重点是工程分析和产品建模。它采用开放型的数据结构,把实体建模、有限元模型与分析、计算机绘图、实验数据分析与综合、数控编程以及文件管理等集成为一体,因而可以在设计过程中较好地实现计算机辅助机械设计。通过公用接口以及共享的应用数据库,把软件各模块集成于一个系统中。其中实体建模是 I-DEAS 的基础,它包括了工程设计、工程制图、模块、制造、有限元仿真、测试数据分析、数据管理以及电路板设计七大模块。

8. Mastercam

Mastercam 是美国 CNC 公司开发的基于 PC 平台的 CAD/CAM 软件,它具有方便直观的几何造型,提供了设计零件外形所需的理想环境,其强大稳定的造型功能可设计出复杂的曲线、曲面零件。Mastercam 具有强劲的曲面粗加工及灵活的曲面精加工功能。Mastercam 提供了多种先进的粗加工技术,以提高零件加工的效率和质量。

1.5 小结

本章介绍了计算机绘图的基本知识,包括计算机的发展与展望,计算机绘图系统的软、硬件组成;同时介绍了二维计算机辅助绘图的特点及常用软件,以及三维计算机辅助设计的相关内容。

第2章

二维计算机绘图相关国家标准

　　根据我国计算机辅助设计与制图发展的需要,结合国内已有的机械 CAD、电气 CAD、建筑 CAD 等领域的情况以及有关技术制图国家标准和 ISO/TC10 技术产品文件等,标准化技术委员会组织编写了计算机绘图的相关国家标准:《GB/T 14665 — 2012 机械工程 CAD 制图规则》。本章将重点介绍有关计算机绘图的图纸幅面及格式、比例、字体、凸显和尺寸注法等国家标准。

2.1　国家标准介绍

2.1.1　图纸幅面与格式

　　用计算机绘制工程图时,图纸幅面和格式应符合 GB/T 14689 的有关规定。

　　在 CAD 工程制图中所用到的有装订边或无装订边的图纸格式如图 2-1 所示,其基本尺寸见表 2-1。

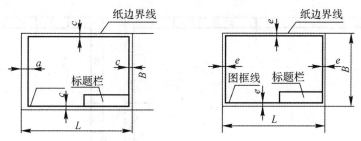

图 2-1　图纸格式
(a)留装订边;)b)不留装订边

表 2-1　图纸幅面的基本尺寸　　　　　　　　　　单位:mm

幅面代号	A0	A1	A2	A3	A4
$B\times L$	841×1 189	594×841	420×594	297×420	210×297
e	20			10	
c	10			5	
a	25				

注:在 CAD 绘图中对图纸有加长、加宽的要求时,应按基本幅面的短边(B)成整数倍增加

CAD 工程图中可根据需要,设置方向符号如图 2-2 所示、剪切符号如图 2-3 所示、米制参考分度和对中符号如图 2-4 所示。对图形复杂的 CAD 装配图一般应设置图幅分区,其形式如图 2-5 所示。

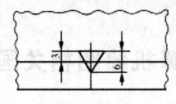

图 2-2　方向符号

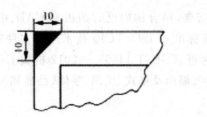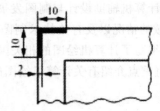

图 2-3　剪切符号

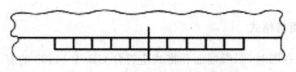

图 2-4　米制参考分度及对中符号

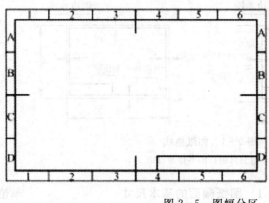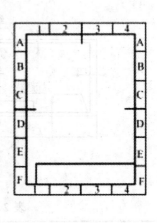

图 2-5　图幅分区

2.1.2　比例

用计算机绘制工程图样时的比例大小应按照 GB/T 14690 中的规定。在 CAD 工程图中需要按比例绘制图形时,按表 2-2 中规定的系列选用适当的比例。

表 2-2 推荐比例

种 类	比 例		
原值比例	1:1		
放大比例	5:1 $5 \times 10^n : 1$	2:1 $2 \times 10^n : 1$	$1 \times 10^n : 1$
缩小比例	1:2 $1 : 2 \times 10^n$	1:5 $1 : 5 \times 10^n$	1:10 $1 : 10 \times 10^n$

注:n 为正整数

必要时,也允许选取表2-3中的比例。

表 2-3 可选比例

种 类	比 例				
放大比例	4:1 $4 \times 10^n : 1$	2.5:1 $2.5 \times 10^n : 1$			
缩小比例	1:1.5 $1 : 1.5 \times 10^n$	1:2.5 $1 : 2.5 \times 10^n$	1:3 $1 : 3 \times 10^n$	1:4 $1 : 4 \times 10^n$	1:6 $1 : 6 \times 10^n$

注:n 为正整数

2.1.3 字体

CAD工程图中所用的字体应按GB/T 13362.4～13362.5 和GB/T 14691 要求,并应做到字体端正、笔画清楚、排列整齐、间隔均匀。

CAD工程图的字体与图纸幅面之间的大小关系参见表2-4。

表 2-4 字体与幅面关系 单位:mm

图幅 字体	A0	A1	A2	A3	A4
字母数字	3.5				
汉 字	5				

CAD工程图中字体的最小字(词)距、行距以及间隔线或基准线与书写字体之间的最小距离见表2-5。

表 2-5 最小距离 单位:mm

字 体	最 小 距 离	
汉 字	字距	1.5
	行距	2
	间隔线或基准线与汉字的间距	1

续表

字体	最小距离	
拉丁字母、阿拉伯数字、希腊字母、罗马数字	字符	0.5
	词距	1.5
	行距	1
	间隔线或基准线与字母、数字的间距	1

注：当汉字与字母、数字混合使用时，字体的最小字距、行距等应根据汉字的规定使用

CAD 工程图中的字体选用范围见表 2-6。

表 2-6 字体选用范围

汉字字型	国家标准号	字体文件名	应用范围
长仿宋体	GB/T 13362.4～13362.5—1992	HZCF. *	图中标注及说明的汉字、标题栏、明细栏等
单线宋体	GB/T 13844—1992	HZDX. *	大标题、小标题、图册封面、目录清单、标题栏中设计单位名称、图样名称、工程名称、地形图等
宋体	GB/T 13845—1992	HZST. *	
仿宋体	GB/T 13846—1992	HZFS. *	
楷体	GB/T 13847—1992	HZKT. *	
黑体	GB/T 13848—1992	HZHT. *	

2.1.4 图线

CAD 工程图中所用的图线，应遵照 GB/T 17450 中的有关规定，CAD 工程图中的基本线型见表 2-7。

表 2-7 基本线型

代码	基本线型	名称
01		实线
02		虚线
03		间隔画线
04		单点长画线
05		双点长画线
06		三点长画线
07		点线
08		长画短画线
09		长画双点画线

续表

代　码	基　本　线　型	名　　称
10	— · — · — · — · — · — · — ·	点画线
11	— ·· — ·· — ·· — ·· — ·· — ··	单点双画线
12	— ·· — ·· — ·· — ·· — ·· — ··	双点画线
13	— ·· — ·· — ·· — ·· — ·· — ··	双点双画线
14	— ··· — ··· — ··· — ··· — ···	三点画线
15	— ··· — ··· — ··· — ··· — ···	三点双画线

基本线型的变形见表 2-8。

表 2-8　基本线型的变形

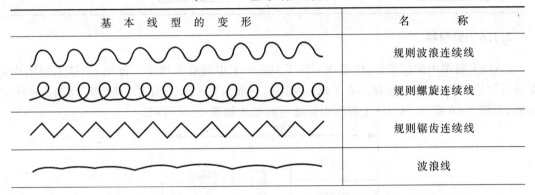

基　本　线　型　的　变　形	名　　称
〰〰〰〰	规则波浪连续线
ℓℓℓℓℓ	规则螺旋连续线
∧∧∧∧∧	规则锯齿连续线
～～～～	波浪线

注：本表仅包括表 2-7 中 No.01 基本线型的类型，No.02～No.15 可用同样方法的变形表示

屏幕上的图线一般应按表 2-9 中提供的颜色显示，相同类型的图线应采用同样的颜色。

表 2-9　基本图线的颜色

图　线　类　型		屏幕上的颜色	图　线　类　型		屏幕上的颜色
粗实线	——	白　色	虚　线	— — —	黄　色
细实线	——		细点画线	— · — ·	红　色
波浪线	〰	绿　色	粗点画线	— · — ·	棕　色
双折线	⋀⋁		双点画线	— ·· — ··	粉红色

2.1.5　剖面符号

CAD 工程图中剖切面的剖面区域的表示见表 2-10。

表 2-10 剖面区域

剖面区域的式样	名　称	剖面区域的式样	名　称
	金属材料/普通砖		非金属材料（除普通砖外）
	固体材料		混凝土
	液体材料		木质件
	气体材料		透明材料

2.1.6　标题栏

CAD 工程图中的标题栏,应遵守 GB/T 10609.1 中的有关规定。每张 CAD 工程图均应配置标题栏,并应配置在图框的右下角。标题栏一般由更改区、签字区、其他区、名称及代号区组成,如图 2-6 所示。CAD 工程图中标题栏的格式如图 2-7 所示。

图 2-6　标题栏的组成

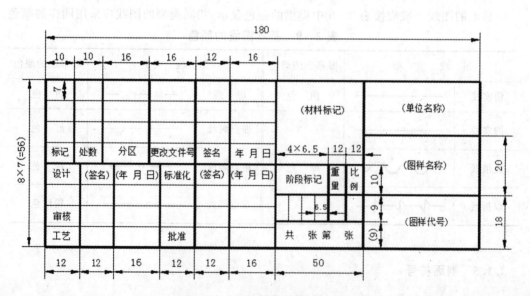

图 2-7　标题栏的尺寸与格式

2.1.7 明细栏

CAD 工程图中的明细栏应遵守 GB/T 10609.2 中的有关规定,CAD 工程图中的装配图上一般应配置明细栏。明细栏一般配置在装配图中标题栏的上方,按由下而上的顺序填写,如图 2-8 所示。装配图中不能在标题栏的上方配置明细栏时,可作为装配图的续页按 A4 幅面单独绘出,其顺序应是由上而下延伸的。

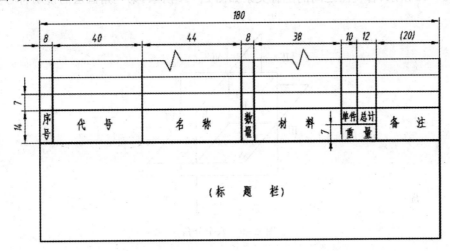

图 2-8　明细栏的格式

2.2　投影法

2.2.1　正投影法

1.正投影的基本方法

CAD 工程图中表示一个物体可有六个基本投影方向,相应的六个基本的投影平面分别垂直于六个基本投影方向,通过投影所得到视图及名称见表 2-11,物体在基本投影面上的投影称为基本视图。

表 2-11　投影方向及视图名称

	投　影　方　向		视　图　名　称
	方向代号	方　　向	
	a	自前方投影	主视图或正立面图
	b	自上方投影	俯视图或平面图
	c	自左方投影	左视图或左侧立面图
	d	自右方投影	右视图或右侧立面图
	e	自下方投影	仰视图或底面图
	f	自后方投影	后视图或背立面图

2.第一角画法

三个互相垂直的平面将空间分为八个分角,分别称为第Ⅰ角、第Ⅱ角、第Ⅲ角,如图 2-9 所示。我国机械图样应按第一角画法布置六个基本视图,必要时(如按合同规定等),才允许使用第三角画法。因此,除按合同规定外我国均采用第一角画法。

将物体置于第一分角内,即物体处于观察者与投影面之间进行投影,然后按规定展开投影面,如图 2-10 所示,各视图之间的配置关系如图 2-11 所示,第一角画法的说明符号如图 2-12 所示。

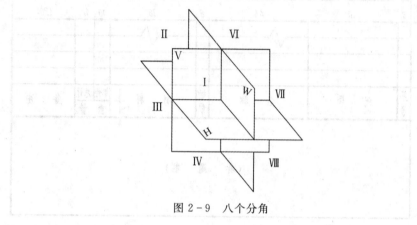

图 2-9　八个分角

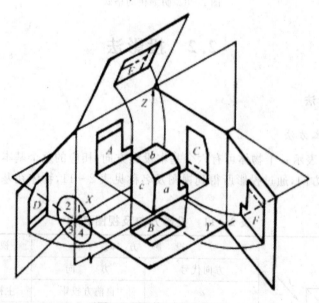

图 2-10　第一分角投影

3.第三角画法

在国际间的技术交流中,常常会遇到第三角画法的图纸,下面对第三角画法作简要介绍。将物体置于第三分角内,即投影面处于观察者与物体之间进行投影,然后按规定展开投影面,如图 2-13 所示;各视图之间的配置关系如图 2-14 所示;第三角画法的说明符号如图 2-15

所示。

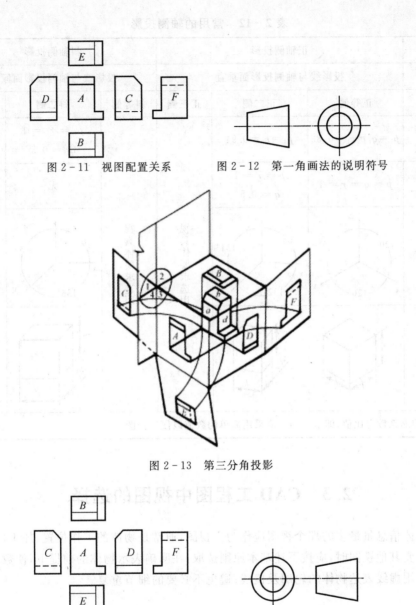

图 2-11　视图配置关系　　　　图 2-12　第一角画法的说明符号

图 2-13　第三分角投影

图 2-14　视图配置关系　　　　图 2-15　第三角画法的说明符号

2.2.2　轴侧投影

　　轴侧投影是将物体连同其参考直角坐标系,沿不平行于任一坐标面的方向,用平行投影法将其投射在单一投影面上所得的具有立体感的图形。常用的轴侧投影见表 2-12。

2.2.3　透视投影

　　透视投影是用中心投影法将物体投射在单一投影面上所得到的具有立体感的图形。根据画面对物体的长、宽、高三组主方向棱线的相对关系(平行、垂直或倾斜),透视图分为一点透视、二点透视和三点透视,可根据不同的透视效果分别选用。

表 2－12　常用的轴侧投影

特　性		正轴侧投影			斜轴侧投影		
		投影线与轴侧投影面垂直			投影线与轴侧投影面倾斜		
简称		正等侧	正二侧	正三侧	斜等侧	斜二侧	斜三侧
应用举例	伸缩系数	$p_1=q_1=r_1=0.82$	$p_1=r_1=0.94$	视具体要求选用	视具体要求选用	$p_1=r_1=1$ $q_1=0.5$	视具体情况选用
	简化系数	$p=q=r=1$	$p=r=1$ $q=0.5$			无	
	轴间角	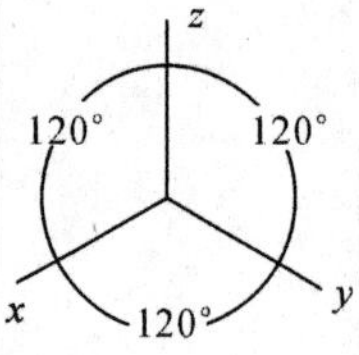	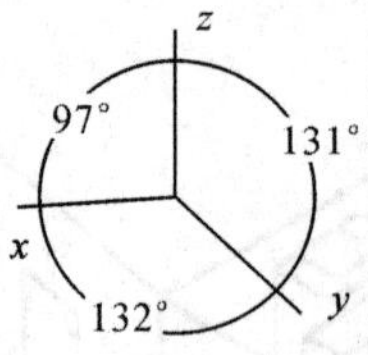			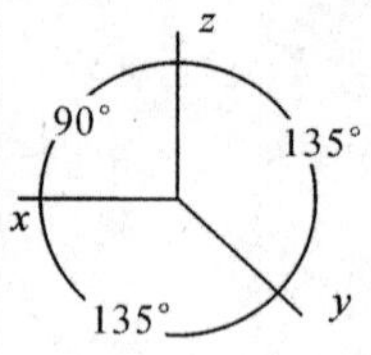	
	例图	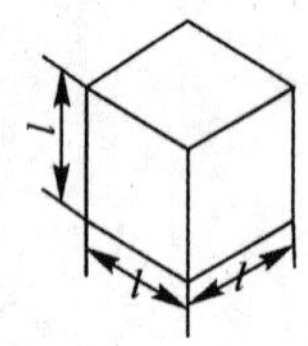	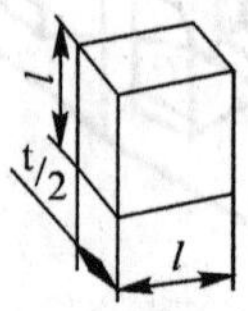			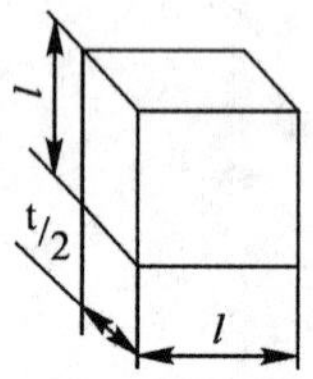	

注:轴向伸缩系数之比值,即 $p:q:r$ 应采用简单的数值以便于作图。

2.3　CAD 工程图中视图的选择

表示物体信息量最多的那个视图应作为主视图,通常是物体的工作位置、加工位置或安装位置。当需要其他视图时,应按下述基本原则选取:在明确表示物体的前提下,使数量为最小;尽量避免使用虚线表达物体的轮廓及棱线;避免不必要的细节重复。

1.视图

在 CAD 工程图中通常有基本视图、向视图、局部视图和斜视图。

2.剖视图

在 CAD 工程图中,应采用单一剖切面、几个平行的剖切面和几个相关的剖切面,剖切物体得到全剖视图、半剖视图和局部剖视图。

3.断面图

在 CAD 工程图中,应采用移出断面图和复合断面图的方式进行表达。

4.图样简化

必要时,在不引起误解的前提下,可以采用图样简化的方式进行表示,见 GB/T 16675.1 的有关规定。

2.4　CAD 工程图的尺寸标注

在 CAD 工程制图中应遵守相关行业的有关标准或规定。在 CAD 工程制图中所使用的箭头形式有以下几种供选用,如图 2－16 所示。同一 CAD 工程图中,一般只采用一种箭头的形式。当采用箭头位置不够时,允许用圆点或斜线代替箭头,如图 2－17 所示。CAD 工程图中的尺寸数字、尺寸线和尺寸界线应按照有关标准的要求进行绘制。

必要时,在不引起误解的前提下,CAD 工程制图中可以采用简化标注方式进行表示,见 GB/T 16675.2。

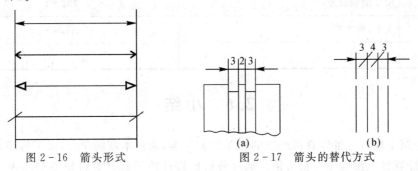

图 2－16　箭头形式　　　　　　图 2－17　箭头的替代方式

2.5　CAD 工程图的管理

CAD 工程图的图层管理见表 2－13。

表 2－13　图层管理

层　号	描　　述	图　　例
01	粗实线 剖切面的剖切符号	
02	细实线 细波浪线 细折断线	
03	粗虚线	
04	细虚线	
05	细点划线 剖切面的剖切线	
06	粗点画线	
07	细双点划线	
08	尺寸线,投影连线,尺寸终端与符号细实线	

续表

层　　号	描　　　　述	图　　　　例
09	参考圆，包括引出线和终端（如箭头）	
10	剖面符号	/////////////////////
11	文本，细实线	ABCD
12	尺寸值和公差	432±1
13	文本，粗实线	KLMN
14,15,16	用户选用	

2.6　小结

　　本章介绍了现有二维计算机绘图的相关国家标准，通过本章的学习，可了解现有标准的内容，从而让计算机二维绘图有据可依。通过分析比较还能了解计算机绘图与尺规绘图的国家标准的区别。

第3章

机械产品三维建模国家标准

根据我国三维计算机辅助设计发展的需要,结合国内已有的机械 CAD、电气 CAD、建筑 CAD 等领域的情况以及有关技术制图国家标准和 ISO/TC10 技术产品文件等,标准化技术委员会组织编写了机械产品三维建模通用规则的相关国家标准《GB/T 26099.1 - 2010 机械产品三维建模通用规则》。本章将重点介绍有关机械产品三维建模国家标准的 4 个组成部分:通用要求、零件建模、装配建模、模型投影工程图。

3.1　通用部分

3.1.1　基本术语

特征(Feature):是与一定的功能和工程语义相结合的几何形状或工程信息表达的集合。

实体(Solid body):是指形成封闭体积的面和棱边形成的三维几何体。

成熟度(Mature degree):在工程发放前对设计完成及完善程度的量化描述,其数值范围为 0~1。

零件特征树(Feature tree of part model):体现零件设计过程及其特征(例如点、线、面、体等)组成的树状表达形式,反映模型特征间的相互逻辑关系。

三维建模(Three - dimensional modeling):应用三维机械 CAD 软件建立零件或装配件的三维模型的过程。

三维数字模型(Three - dimensional digital model):在计算机中,反映产品几何要素、约束要素和工程要素的模型。

装配结构树(Hierarchical tree of assembly model):装配结构树是体现装配模型层次关系的树状表示形式。

装配建模(Assembly modeling):应用三维机械 CAD 软件进行三维零件、组件装配设计,并形成装配模型的过程。

装配约束(Assembly constraint):在两个装配单元之间建立的关联关系,能够反映出模型之间的静态定位和动态连接装配关系。

装配单元(Assembly unit):是指装配模型中参与装配操作的零件或组件。

骨架模型(Skeleton model):在装配模型中用于控制装配模型布局和整体规划的特殊零件,主要由基准面、轴、点、坐标系、控制曲线和曲面等构成,在自顶向下设计中常作为装配单元设计的基准参照。

自顶向下设计(Top-down design):设计时从系统角度入手,针对设计目的,综合考虑形成产品的各种因素(专业技术现状、工艺条件和设计手段等),确定产品的性能、组成、相互关系和实现方式,形成设计的总体方案;然后在此基础上分解设计目标给分系统具体实施,分系统从上级系统获得必须的相关参数等,并在上级系统确定的边界内开展设计,最终完成总体性能相对最优的设计。

自底向上设计(Bottom-up design):独立于装配体设计各个零件,然后把设计完成的零部件自下而上地逐级装配成部件、组件直至完整的产品,其间每个零部件应符合上一层装配件规定的外形尺寸、外部接口尺寸和相对位置尺寸。

视图(View):二维图样中各自独立,且互相存在一定关联关系,表达构件形状特征的图形;是图样各种画法所产生图形的总称。

投影视图(Projection):构件向投影面投影所得的图形。

注:本术语是遵照 GB4458.1 中对视图的定义而规定的,相应地将投影视图分为基本投影视图、方向投影视图、斜方向投影视图、局部投影视图和旋转投影视图等。

工程图模板(Drawing template):三维机械设计软件中的一种文件类型,通过标准化定制和使用,达到统一协调、统一配置,以提高用户工作效率的文件。

3.1.2 三维数字模型的分类

根据模型对象可分为零件模型和装配模型。按照零件(或装配件)建模特点可分为机加类、铸锻类、钣金类、线缆管路类等。根据三维数字模型的具体用途可分为设计模型、分析模型、工艺模型等。根据三维数字模型不同研制阶段技术特点可分为概念模型、详细模型等。

3.1.3 三维数字模型构成

完整的零部件三维数字模型由几何要素、约束要素和工程要素构成。几何要素是三维数字模型所包含的表达零件几何特性的模型几何和辅助几何等要素。约束要素是三维数字模型所包含的表达零部件内部或零部件之间约束特性的要素,例如尺寸约束、关系约束、形状约束、位置约束等。工程要素是三维数字模型所包含的表达零件工程属性的要素,例如材料名称、材料特性、质量、技术要求等。

3.1.4 三维建模通用要求

1.建模环境设置

在建模前应对软件系统的基本量纲进行设置,这些量纲通常包括模型的长度、质量、时间、力、温度等。其余的量纲可在此基础上进行推算,例如当长度单位为毫米(mm)、时间单位为秒(s)、力的单位为牛(N)时,可以推算出速度的单位为毫米每秒(mm/s)、弹性模量单位为兆帕(MPa)。

此外还应对建模环境进行设置,这通常包括公差设置、缺省层设置、缺省路径设置、辅助面设置、工程图设置等。

2.模型比例

模型与零部件实物一般应保持 1∶1 的比例关系。在某些特殊应用场合(例如采用微缩模型进行快速原型制造时），可使用其他比例。

3. 坐标系的定义与使用

坐标系的使用应遵循以下原则：三维数字模型应含有绝对坐标系信息；可根据不同产品的建模和装配特点使用相对坐标系和绝对坐标系，坐标系的使用可在产品设计前进行统一的定义；坐标系应给出标识，且其标识应简明易读。

4. 模型文件的命名原则

为了适应三维数字模型的建模、文件管理、存储、发放、传递和更改等方面要求，模型文件应采用统一规则进行命名。其命名方式可采用多种信息码组合的方法来为零件、装配件模型及工程图样等文件进行命名。

三维数字模型文件的命名应遵循以下原则：①使模型文件得到唯一的存储标识，例如，可以采用文件名使之唯一，亦可通过其他属性使之唯一；②文件名应尽可能精简、易读，便于文件的共享、识别和使用；③文件名应便于追溯和版本（版次）的有效控制；④同一零件的不同类型文件名称应具有相关性，例如同一零件的三维模型文件与工程图文件之间应具有相关性；⑤文件名通常应便于识别同一零部件模型的不同状态，例如弹簧应包含自由状态和工作状态；⑥文件命名规则亦可参照行业或企业规范进行统一约定。

3.1.5　三维数字模型检查

1. 检查的基本原则

在三维数字模型被发放给设计团队或下游用户前，必须进行模型检查。模型检查的基本原则是：①以产品规范及相关建模标准等为技术依据；②以模型的有效性和规范性检查为重点；③在设计的关键环节进行，通常应在数据交换/数据发放之前完成。

2. 检查的基本内容

模型检查按 GB/T 18784.1 和 GB/T 18784.2 进行，其基本内容通常包括以下内容：①模型中几何信息的完整性、正确性和可再生性；②工程属性信息描述的完整性（包括零件的材料、技术要求和互换性等）；③三维模型与其投影生成二维工程图的信息应一致、无二义性。

3.2　零件建模

3.2.1　零件建模的原则和要求

1. 总体原则

零件模型应能准确表达零件的设计信息；零件模型包含零件的几何要素、约束要素和工程要素；零件模型应满足健壮性要求，即零件模型应具备稳定、健壮的信息表达，具备在保证设计意图的情况下能够被正确更新或修改的能力；不允许冗余元素存在，不允许含有与建模结果无关的几何元素；零件建模应考虑数据间应有的链接和引用关系，例如，模型的几何要素、约束要素和工程要素之间要建立正确的逻辑关系和引用关系，应能满足模型各类信息实时更新的需要；建模时应充分体现 DFM 的设计准则，提高零件的可制造性。

2. 总体要求

参与三维设计的机械零件应进行三维建模,包括自制件、标准件、外购件等;通常采用公称尺寸按 GB/T4458.5 — 2003 中的规定进行建模,尺寸的公差等级可通过通用注释给定,也可直接附加在尺寸值上;通常先建立模型的基体特征(例如框、座等),然后再建模型的细节特征(例如小孔、倒圆、倒角等);某些几何要素的形状、方向和位置由理论尺寸确定时,应按理论尺寸进行建模;推荐采用参数化建模,并充分考虑参数以及零部件的相互关联;对于有弹性或有装配形变的零部件建模,应表达其自由状态的尺寸和形状;对于管路及其线束的卡箍等零件建模,推荐以其装配状态建立模型,但在设计中应考虑其维修或分解成自由状态时所需的空间;在满足应用目的的前提下,尽量使模型最简化,使其数据量减至最少;模型在发放前应进行模型检查。

3.2.2 详细要求

零件模型应包含正确的工程属性,通常包括以下内容:材料名称、密度、弹性模量、泊松比、屈服极限(或强度极限)、折弯因子、热传导率、热膨胀系数、硬度、剖面形式等。应将常用的工程材料特性存储在数据库中,并便于扩展。零件建模流程如图 3 - 1 所示。

3.2.3 特征的使用

零件建模特征的使用应符合以下要求:特征应全定位,不得欠定位或过定位,另有规定的除外;优先使用几何定位方法,例如平行、垂直或重合,其后才使用数值定位方法;特征建立过程中所引用的参照必须是最新且有效的;为了便于表达和追溯设计意图,可以将特征命名为简单易读的特征名;应采用参数化特征建模,不推荐非参数化特征,不使用没有相关性的几何要素;不应为修订已有特征而创建新特征,例如在原开孔位置再覆盖一个更大的孔以修订圆孔的尺寸和位置。

1. 草图特征的使用

(1)草图应尽量体现零件的剖面,且应按照设计意图命名;

(2)草图对象一般不应欠约束(欠约束仅用于打样图和草图)和过约束。

2. 倒角(或倒圆)特征的使用

(1)除非有特殊需要,倒角(或倒圆)特征不应通过草图的拉伸或扫描来形成;

(2)倒角(或倒圆)特征一般放置在零件建模的最后阶段完成,除某些特殊情况,例如实体边在建模过程中由于设计需要被分割(如开槽等特征操作)时,将倒角(或倒圆)特征提前完成。

3. 关系式的使用

关系式的使用应符合以下要求。

(1)表达式的命名应可能反映参数的含义;

(2)表达式中变量名命名应符合应用软件的规定;

(3)对于经常使用关系式和参数可在模板文件中统一规定;

(4)对于复杂表达式应增加相应的注释。

4. 模型着色与渲染

为了提高模型的可读性和真实性,应对模型进行合理的着色处理。着色时,可参照零件实物的颜色或纹理进行。在进行渲染处理时,应包括:灯光照明效果渲染;材料及材料表明纹理效果渲染;环境与背景的效果渲染;对工业设计要求较高的产品对象,应进行相应的工业造型设计评审。

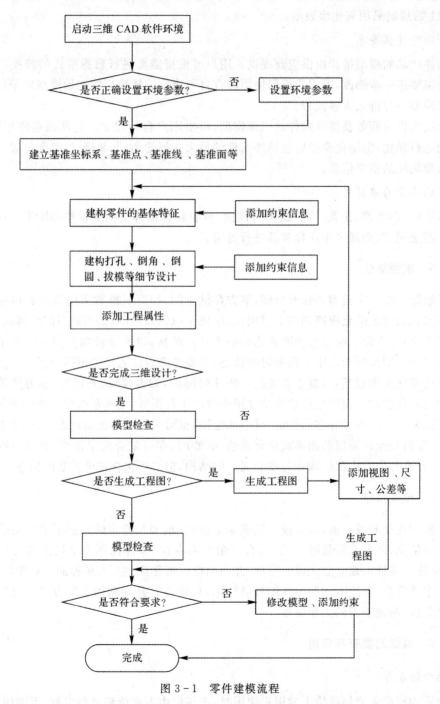

图 3-1　零件建模流程

3.2.4 标准件与外购件建模要求

1.标准件建模要求

标准件模型应优先采用具有参数化特点的零件系列族表方法建立。对于无法参数化的零件,亦可建立非系列化的独立模型。为了满足快速显示和制图的需要,标准件按 GB/T ××××××.11 的规定采用简化级表示。

2.外购件建模要求

外购件产品的模型推荐由供应商提供。用户可根据需要进行数据格式的转换,转换后的模型是否需要进一步修改,由用户根据使用场合自行决定。转换后的初始模型应予以保留,并伴随装配模型一起进入审签流程。

对无法从供应商处获得外购件的三维模型,可由用户自行建立。允许根据使用要求对外购件模型进行简化,但简化模型应包括外购件的最大几何轮廓、安装接口、极限位置、质量属性等影响模型装配的重要信息。

3.结构要素的建模要求

球面半径、润滑槽、滚花、零件倒圆与倒角、砂轮越程槽等结构要素按 GB/T 6403.1 中的规定允许不建模,但必须采用注释对其进行说明。

3.2.5 模型简化

为了缩短三维数字模型的建模时间,节省存储空间,提高三维数字模型的调用速度,三维数字模型的几何细节简化应遵循以下原则:①应便于识别和绘图;②不致引起误解或不会产生理解的多义性;③不能影响自身功能表达和基本外形结构,也不能影响模型装配或干涉检查;④要考虑三维模型投影为二维工程图时的状态;⑤要考虑设计人员的审图习惯。

详细的简化要求包括:与制造有关的一些几何图形,如内螺纹、外螺纹、退刀槽等,允许省略或者使用简化表达。但简化后的模型在用于投影工程图时,应满足机械制图的相关规定;若干直径相同且成一定规律分布的孔组,可全部绘出,也可采用中心线简化表示;模型中的印字、刻字、滚花等特征允许采用贴图形式简化表达,必要时,亦可配合文字说明;在对标准件、外购件建模时,允许简化其内部结构和与安装无关的结构,但必须包含正确的装配信息。

3.2.6 模型检查

在对模型提交和发布前,应对模型完成如下检查:模型是稳定的且能够成功更新;具有完整的特征树信息;所有元素是唯一的,没有冗余元素存在;零件比例为全尺寸的1:1三维模型;自身对称的零件应建立起完整的零件,并明确标识对称面;左、右对称的一对零件应分别建立各自的零件模型,并用不同的零件编号进行标识,建模时允许利用参照方法简化建模;模型应包含供分析、制造所需的工程要素。

3.2.7 模型的发布与应用

1.模型的发布

完成后的模型需要提供给下游用户使用时,必须经由发布流程进行发放,下游用户通常包括分析工程师、工艺工程师和制造工程师等。

三维数字模型的发布应遵循以下原则:模型发布时,应包含全部的几何要素、约束要素和工程要素;一旦进入发布阶段,模型就处于"锁定"状态,不得在未经变更审批情况下对其进行修改;下游用户以发布模型作为设计输入;如需对模型进行修订,须由模型的创建人提出申请,经批准后方可修订;修订后的模型新版本重新发布时,应通知所有下游用户,以保持发布模型的及时更新。

2.模型的应用

已发布的模型可根据需要用于不同应用场合,这些应用通常包括工程分析与优化、投影工程图、装配建模、变型设计、宣传与培训等。

为了满足不同应用环境,发布的数字模型应至少包含以下内容:对于工程分析类应用,发布的模型应包括几何信息、材料信息(例如名称、密度、弹性模量、屈服极限、强度极限、泊松比等)、优化变量等;对于二维工程图应用,发布的模型应包括几何信息、技术要求、尺寸公差、形位公差、表面粗糙度、剖面信息等;对于装配建模的应用,发布的模型应包括几何信息、装配形式、配合公差、摩擦因数等;对于宣传与培训的应用,发布模型应包含几何信息、材质与纹理、光源信息、环境信息等。

3.2.8 典型零件建模要求

1.机加类

机加零件设计须考虑零件刚强度要求、工艺性要求、制造成本等方面,应考虑零件的装配、拆卸和维修。

机加件建模时应考虑以下总体原则:零件的建模顺序应尽可能与机械加工顺序一致;在保证零件的设计强度和刚度要求的前提下,应根据载荷分布情况合理选择零件截面尺寸和形状;设计时应充分考虑零件抗疲劳性能,尽量使零件截面均匀过渡,尽量采用合理的倒圆,以降低应力集中;机加零件设计时应充分考虑工艺性(包括刀具尺寸和可达性),避免零件上出现无法加工的区域;铣削加工的零件应设计相对统一的圆角半径,以减少刀具种类和加工工序。

机加件建模时应满足以下总体要求:采用自顶向下设计零件时,零件关键尺寸(例如主轴孔、定位孔的关键尺寸等)应符合上一级装配的布局要求;对零件进行具体建模时,可以把零件装配在上级装配件中,利用装配件中相对位置,对零件进行详细建模,也可以直接构造实体;设计基准和工艺基准应尽量统一,以避免加工过程复杂化,同时可获得较高的加工精度和较好的零件互换性,也可简化零件检测;钻孔零件应充分考虑孔加工的可操作性和可达性,对于方孔、长方孔、带铣槽的孔、套齿孔等一般不设计成盲孔;选用合理的配合公差、几何公差和表面粗糙度。

2.铸锻类

此处的锻件包括自由锻件、模锻件,铸件包括砂型铸件和特种铸件。铸锻件建模应符合以下总体原则:采用铸造工艺成形的零件,应考虑流道、浇口、纤维方向、流动性等要素;采用锻造工艺成形的零件,应考虑纤维方向、流动性、应力集中等要素;铸锻成形的零件建模时应考虑材料的收缩率。

铸锻件建模时应满足以下总体要求:模锻件建模时可采用注释给出零件的纤维方向信息;

铸锻零件模型上的起模特征通常应建模;铸锻零件模型上的圆角特征通常应建模,如确需简化,应在注释中给予说明;铸锻件中的机加特征应符合机加零件的建模要求。

3. 钣金类

可展开的钣金件模型至少应包含以下内容:准确的折弯系数表;成形曲面;以成形曲面上直线和曲线定义的零件边界;弯折线和下陷线;紧固件的安装孔位;零件厚度、弯曲半径等结构要素;三维模型。

钣金件建模的基本流程如下:设置环境参数;选取或创建坐标系、基本目标点、基准线、基准面;构造零件特征轮廓线;几何特征设计,生成三维模型,根据需要输出二维工程图;模型检查;模型修改。

4. 管路类

确定管路件的材料,主要考虑系统的工作压力值和工作温度范围,保证足够的强度又使系统重量最轻,并考虑导管中的介质,满足耐油性和腐蚀性的要求。

管路件建模一般应遵循下列原则:确定合理的直径保证油泵、液压马达等附件所需的流量和压力要求;根据系统设计要求,选择适当的导管连接形式,保证管路组件具有良好的密封性、抗震性和耐疲劳性;在满足导管安装协调的情况下,一根导管应采用一个弯曲半径值,以简化制造工艺;管路敷设的层次应考虑安全性和维修性,走向避免迂回曲折,减少复杂形状,减小流体阻力;导管的支承、固定应合理而可靠。

管路件建模基本流程如下:管路参数的设定、管线的设计、管线的修改、管路构建、管路修改。

5. 线缆类

线缆敷设应至少应满足以下原则:应满足安全可靠性要求;应满足电磁兼容性要求;应便于检查和维修;应防止机械磨损和损坏;应便于拆卸和完整地更换线缆。

线缆建模的基本流程如下:系统环境设置;接线图设计;电器零件模型建立;进行线缆敷设,根据需要可输出敷设二维图;定义电线路经,根据需要可输出接线图;输出展开的线缆二维图。

3.3　装配建模

3.3.1　通用原则和总体要求

1. 通用原则

在装配建模设计中,应遵循以下通用原则:所有的装配单元应具有唯一性和稳定性,不允许冗余元素存在;应合理划分零部件的装配层级,每一个装配层级对应着装配现场的一道装配环节,因此,应根据装配工艺来确定装配层级;每个装配模型应包含完整的装配结构树,该结构树应包含装配信息;装配有形变的装配单元(例如弹簧、锁片、铆钉和开口销等)应按安装后的变形状态进行装配;装配建模过程应充分体现 DFM 和 DFA 的设计标准,应充分考虑制造因素,尽量提高其工艺性能;装配模型中使用的标准件、外购件模型应从模型库中调用,并统一管理；模型预发放或工程发放前应通过模型检查。

2.总体要求

在装配建模设计中，应遵循以下总体要求：装配建模应采用统一的量纲，长度单位通常设为毫米，质量单位通常设为千克；模型装配前，应将装配单元内部的与装配无关的基准面、轴、点及不必要的修饰进行消隐处理，只保留装配单元在总装配时需要的基准参考；为了提高建模效率和准确性，零件级加工特征允许在装配环境下采用装配特征建构，但所建特征必须反映在零件级；装配工序中的加工特征在零件级应被屏蔽掉；在自顶向下设计时，可在布局设计中，将关键尺寸定义为变量，以驱动整个产品的设计、修改；只有在装配模型中才能确定的模型尺寸，可采用关系式或参照引用的方式进行设定，必要时可加注释；复杂结构装配时，可采用简化表示法，提高系统加载和编辑速度；在进行模型装配前，应建立统一的颜色和材质要求，给定各种漆色对应的 RGB 色值和材料纹理，以保证各型号的产品外观的一致性；装配模型应包含三维爆炸图状态，以便快速示意产品结构分解和构成；每一级装配模型都应进行静、动态干涉检查分析，必要时，应按 GB/T ×××××中的规定进行装配工艺性分析和虚拟维修性分析。

3.3.2　装配层级定义原则

每一个装配模型对应着产品总装过程中的一个装配环节。根据实际情况，每个装配环节又可分解为多个工序。在分解工序和工步过程中应遵循 DMA 原则：根据生产规模的大小合理划分装配工序，对于小批量生产，为了简化生产的计划管理工作，可将多工序适当集中；根据现有设备情况、人员情况进行装配工序的编排。对于大批量生产，既可工序集中，亦可将工序分散形成流水线装配；根据产品装配特点，确定装配工序，例如，对于重型机械装备的大型零组件装配，为了减少工件装卸和运输的劳动量，工序应适当集中，对于刚性差且精度高的精密零件装配，工序宜适当分散。

3.3.3 装配约束的总体要求

装配约束的选用应正确、完整，不相互冲突，保证装配单元准确的空间位置和正确的运动副定义。装配约束的定义应符合以下要求：根据设计意图，合理选择装配基准，尽量简化装配关系；合理设置装配约束条件，不应有欠约束或过约束的情况；装配约束的选用应尽可能真实反映产品对象的约束特性和运动关系，选用最能反映设计意图的约束类型；对运动产品应能够真实反映其机械连接特点和运动特性。

针对具有运动机构的区域，定义装配约束关系、运动副类型、机构的极限位置；对运动机构进行运动过程模拟，进行碰撞检查和机构设计合理性分析，并将分析结果反馈到设计，并做出设计决策；对产品各装配区域进行机构运动分析，直到干涉、碰撞等问题完全解决。

1.对于无自由度的装配模型

对于无自由度的装配模型，对每个装配单元均应形成完整的装配约束。对于常用的孔轴类配合可采用轴线与轴线对齐的方式；对于常用的平面与平面配合，可采用面与面的对齐与匹配方式进行约束。

常用的静态装配约束通常包括平面与平面、轴线与轴线、相切、坐标系。

(1)平面与平面。可约束两个平面相重合，或具有一定的偏移距离。若两平面的法向相反,简称为"面匹配"约束;若两平面的法向相同,简称为"面对齐"约束;若两平面只有平行要求,没有偏距要求,简称为"面平行"约束。

(2)轴线与轴线。可约束两个轴线相重合。这种约束常用于轴和孔之间的装配约束,通常简称为"轴线对齐"约束或"插入"约束。

(3)相切。可控制两个曲面保持相切。

(4)坐标系。可用坐标系对齐或偏移方式来约束装配单元的位置关系。可将各个装配单元约束在同一个坐标系上,以简化装配单元间的相互约束关系,减少不必要的相互参照关系。

2.对于具备自由度的装配模型

对于具备自由度的装配模型,应根据其实际的机械运动副连接类型进行装配。所形成的约束应与实际机械运动副的运动特性保持一致。

常用的机械运动副连接通常包括转动副、移动副、平面副、球连接副、凸轮连接副、齿轮连接副。

(1)转动副,又称"回转副"或"铰链",指两构件绕某轴线作相对旋转运动。此时,活动构件具有1个旋转自由度。

(2)移动副,又称"棱柱副",指一个构件相对于另一构件沿某直线仅作线性运动。此时,活动构件具有1个平移自由度。

(3)平面副。一个构件相对于另一构件在平面上移动,并能绕该平面法线作旋转运动。此时,活动构件具有2个平动及1个转动共3个自由度。

(4)球连接副。一个构件相对于另一构件在球心点位置作任意方向旋转运动。此时,活动构件具有3个转动自由度。

(5)凸轮连接副。凸轮连接属于高副连接,用以表达凸轮传动的特性。

(6)齿轮连接副。齿轮连接属于高副连接,用以表达齿轮传动特性。

3.3.4 装配结构树的管理要求

装配结构树的管理应符合以下要求:①装配结构树应能表达完整有效的装配层次和装配信息;②应对零、部件模型在装配结构树上相应表达的信息进行审查;③完成模型装配后,应对模型的装配结构树上的所有信息进行最终的检查。

3.3.5 装配建模的详细要求

产品的装配建模一般采用两种模式:自顶向下设计模式和自底向上设计模式。根据不同的设计类型及其设计对象的技术特点,可分别选取适当的装配建模设计模式,也可将两种模式相结合。自底向上设计模式一般需要把所有底层零部件设计完成后才进行装配设计,其顺序是从底层向上逐级搭建产品模型。自顶向下设计模式既能管理大型组件,又能有效地掌握设计意图。它不仅能在同一设计小组间迅速传递设计信息、达到信息共享的目的,也能在不同的设计小组间同样传递相同的设计信息,达到协同作战的目的。在开发过程中,通过严谨的沟通管理能让不同的设计部门同步进行产品的设计和开发。

两种设计模式各有特点,应根据不同的研发性质和产品特点选用合适的流程。对于产品结构较简单或对成熟度较高产品的改进设计,可采用自底向上设计模式。对于新产品研发或包含曲面分割的产品适宜采用自顶向下的设计模式。两种设计模式并不互相排斥,在工程设计中,也常有将自顶向下设计和自底向上两种设计模式混合使用的情况。

1. 自底向上装配建模的设计流程

自底向上装配建模的设计流程如图3-2所示。

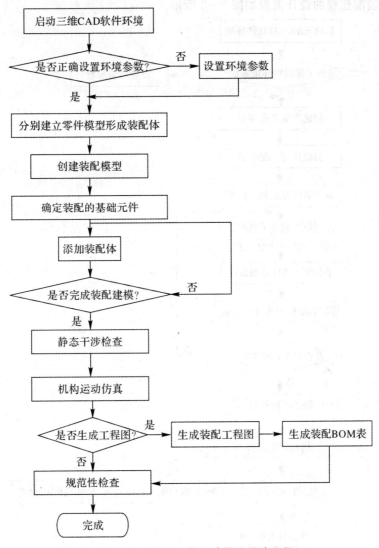

图 3-2　自底向上装配建模的设计流程

(1)创建装配。在零件详细设计完成以后,通过新建装配文件,创建产品的装配模型。装配模型可采用预定义的模板文件作为初始文件,亦可使用上级传下来的装配文件作为设计的开始。

(2)确定装配的基础元件。根据装配件的结构特点和功能要求,选择主体零件作为装配件的基础元件。其他元件根据此基础元件确定各自的位置关系。对于由上级传下来的装配模型,可选择其骨架零件作为基础元件,并根据后续装配的要求不断完善骨架模型,为其他元件的装配提供足够的参照。

（3）添加装配单元。根据装配要求，按顺序将已完成设计的零、部件安装到装配模型中，逐步完成模型装配。装配时应选择合适的装配约束关系，并尽量使用顶层参照，以避免不必要的参照依存关系。

2. 自顶向下装配建模的设计流程

自顶向下装配建模的设计流程如图 3-3 所示。

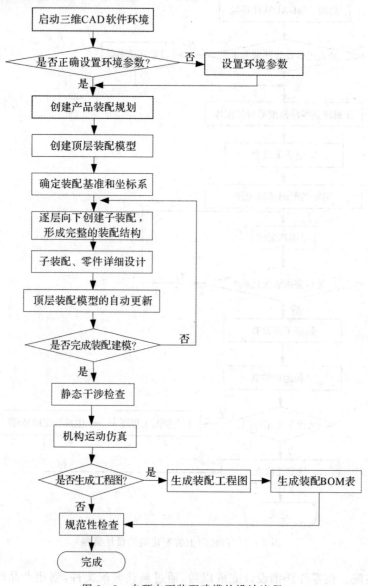

图 3-3　自顶向下装配建模的设计流程

（1）创建装配。新建装配文件，创建产品的总装配模型，选择装配模板，并输入文件所需的参数。

（2）确定基准信息。根据产品的布局，建立决定装配关键尺寸的某些基准作为装配的基准信息。

(3)确定坐标系。根据确定的基准面,建立整个装配的基础坐标系。

(4)创建基本框架。创建总装配基本框架,确定基本框架名称。根据产品的布局,在框架中构造装配尺寸等信息。框架模型可以随着设计的深入不断补充完善,也可以提取元件中关键的实体特征作为框架的构造特征

(5)创建子装配。根据产品的结构分解,在总装配中创建各组别的子装配,并在子装配中分别创建各自的框架结构,形成该子装配所需的接口关系和框架坐标系。子装配的框架可随装配的进展逐步完善。

(6)定义全局变量。在总装配模型中定义装配全局变量,并通过全相关性信息传递反映到各级子装配及其框架结构中,作为产品设计的控制参数。

(7)在装配模型中设计实体元件。根据从上级装配模型中传递来的设计信息,设计出满足要求的实体零件,通过零件的组合形成部件和组件。每一个子装配设计可独立进行,亦可协同并行完成。各子装配设计完成后,总装配模型通过更新实现自动装配。

3.3.6　模型封装

模型的封装应符合下列要求:简化的实体在移去内部细节的同时应提供正确封装;对模型进行容积和质量特性分析时,可以封装模型;为消隐专利数据,实体可以在提供给供应商或子合同商之前简化或去除专利细节;用于有限元分析的模型可以进行封装。

3.4　模型投影工程图

3.4.1　总体要求

采用三维机械设计软件通过投影产生工程图样应符合以下总体要求:用户通过定制三维机械设计软件中的二维绘图环境,投影生成的工程图样应遵照 GB/T 4458.1 和 GB/T 14665 中的规定绘制,对于某些不能满足的要求,用户应制定企业标准以补充说明图样中与国标的不符之处;工程图样以三维模型通过投影产生,其投影和尺寸与三维模型完全相关;特殊的示意图样和原理图样可以在工程图环境下直接进行绘制;工程图图样应具有自身的完整性,保证独立表达零组件所需的全部技术要求;各种非视图类制图对象的定位原点应与相应的视图对象相关联,例如尺寸、表面粗糙度、焊接符号等。

3.4.2　详细要求

(1)图样构成。当一个零组件以多页图样表达时,应绘制在一个文件中。图样的命名可以根据需要咨询确定命名规则。同一文件中所有图样应有效,不应有多余的与本零件、组件无关的图形要素。

(2)图面布置。图面的绘图原点应在图面的左下角,标识绘图坐标系的原点:(X_0, Y_0)。

(3)图样简化。为了提高工程图绘图效率,应遵照 GB/T 16675.1 中规定的简化画法,并遵守以下原则:应避免引起歧义;便于识读;应尽量避免使用虚线表示不可见的结构;尽可能使用有关标准中规定的符号表达设计要求。

3.4.3 图样基本要求

(1)图幅。图幅大小遵照 GB/T 14689 的规定。为了方便使用,可以在三维机械设计软件中预设各种标准图幅以供选择,在绘图时不可另行设置图幅大小。

(2)图框与标题栏。图框宜采用模板样图的方法实现,样图依照不同图幅分别制作。

标题栏遵照 GB/T 14689 和 GB10609.1 中的规定。标题栏中的信息,一般应在模型参数中预先定义相应属性,并进行赋值。

(3)比例。比例遵照 GB/T 14690 中的规定。必要时,可采用表 3-1 中的特殊比例。

表 3-1 比例的选取

种类	优选	特殊比例
原值	1:1	
放大比例	2:1　5:1　10^n:1 2×10^n:1　5×10^n:1	4:1　2.5:1
缩小比例	1:2　1:5　1:10^n 1:2×10^n　1:5×10^n	1:1.5　1:2.5　1:3　1:4 1:6

n 为正整数

图样的基本比例应在图样标题栏的比例栏中填写。图样中与基本比例不一致的视图比例,应在该视图的上方与视图名称组合标出。

(4)字体。图样中的字母、数字、汉字使用仿宋体,字高应按 GB/T 14691 中的规定,从 7mm,5mm,3.5mm,2.5mm 系列中选用。

(5)图线。图线应按 GB/T 4457.4 中的规定预先在有关配置文件中设置好,供绘图时直接选用。

3.4.4 视图

(1)投影法。投影按 GB/T 14692 中的规定按正投影法绘制,采用第一角投影法。单位制采用公制系统(SI)。

(2)主视图。主视图(前投影视图)应以完整反映、清晰表达物体特征为原则。

(3)基本视图和向视图。基本视图和向视图的配置位置应按 GB/T 14689 中的规定,其各个几何元素的投射位置应保持一致。当基本视图不按默认配置关系进行放置时(例如向视图),应在视图的上方标注视图的名称"×向",同时在相应的视图附近用箭头指明投影方向,并注上相同的字母。

(4)剖面图和剖视图。剖面图和剖视图应按 GB/T 17452 中的规定绘制。当视图不按默认的配置关系进行放置时,应在视图的上方标注视图的名称"×__×"。

剖面区域应按 GB/T 17453 中的规定表示。用户可根据材料库内容建立对应的剖面符号库,以便在剖切面中自动形成相应材料的剖面符号,且能有效区分。

(5)局部放大图。当图形中孔的直径或薄片厚度等于或小于 2mm 以及斜度和锥度较小时,应严格按比例而不应夸大画出。必要时使用局部放大视图进行表达。

当同一零组件上有几个被放大的部分时,应用罗马字母依次标明被放大的部分,并在局部放大图的上方标注出相应的罗马字母和采用的比例。

(6)轴测视图。对于结构比较复杂且采用普通视图表达困难的零组件,为了方便识图应在图样的合适位置增加轴测视图,并标明轴测视图的方位说明,例如正等测、正二测和斜二测等。

3.5　小结

本章介绍了现行机械产品三维建模的相关国家标准,通过本章的学习,可使机械产品的计算机三维建模有据可依。通过分析比较,可看出机械产品的三维建模中模型投影工程图部分的国家标准与二维计算机绘图国家标准的不同之处。

第4章

"大雄机电 CAD"二维工程绘图软件快速入门

　　"大雄机电 CAD"二维工程绘图软件，简称 DXCAD 软件，是由西北工业大学制图课程组的教师设计，具有强大且简捷的机电一体二维绘图功能，既适宜绘制机械图、建筑图，也适宜绘制电气原理图。友好的界面，便捷的操作，一步一步地引导式帮助，适宜自学和快速掌握。软件可通过网址 WWW.321CAD.COM 下载。

　　本章主要是为初次接触"大雄机电 CAD"软件的用户，提供一个完整零件图的实际绘图全过程。

4.1　认识大雄机电 CAD 软件工作界面

　　工作界面就是"大雄机电 CAD"为用户提供的绘图环境，熟悉工作主界面有助于用户得心应手的开展工作。在用户启动软件成功后，首先出现首画面，紧跟着将进入图 4-1～图 4-3 所示的工作界面。

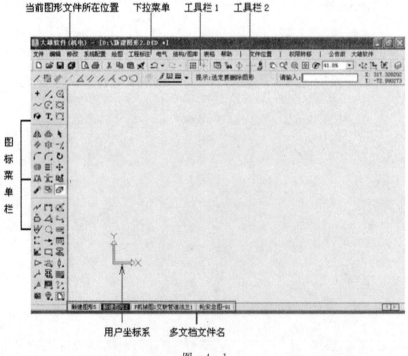

图　4-1

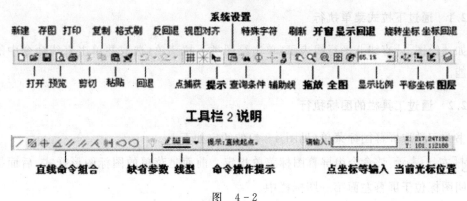

图 4-2

图 4-3

4.2 执行命令方式

使用 DXCAD 执行命令的方法主要有两种,可以从菜单中选择命令,也可以单击工具栏中的图标执行命令。此外,也可将常用命令设置为快捷键的方式执行。上述方法只是执行命令的形式,在命令执行后,通常要进行命令的参数设置才能完成一个绘图与编辑操作。

4.2.1 通过下拉式菜单执行

例如:[绘图]\[直线]\平行线表示:单击绘图类下拉菜单,选取并单击直线命令中的平行线子功能。

4.2.2 通过工具栏的图标执行

本书关于选取屏幕图标菜单(见图 4 - 4)的约定如下:

[左 1]表示:该命令由屏幕图标菜单指定。前面是菜单的图标图形样式,后面括号中文字说明图标位于屏幕左面第一图标栏中。

[上 1]表示:该命令由屏幕图标菜单指定。前面是菜单的图标图形样式,后面括号中文字说明图标位于屏幕上面第一工具栏中。

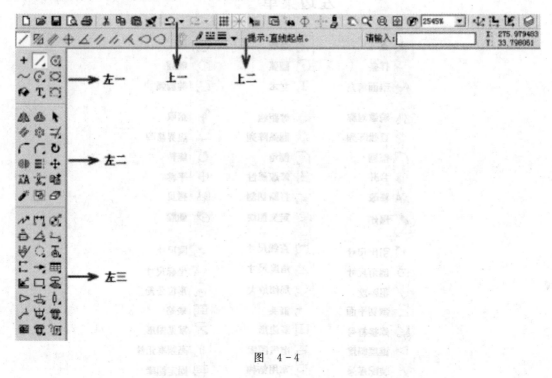

图 4 - 4

4.2.3 本书关于鼠标按键的约定

DXCAD 软件主要是按两键鼠标设计的(带滚轮鼠标,中键有固定功能),分左击鼠标和右击鼠标。左击鼠标一般用于输入点坐标、拾取图线等,而右击鼠标常用于结束某一命令或操作,如结束拾取图线、结束连续直线绘制等。本书中凡是未注明鼠标按键类型的,均为左击鼠标,右击鼠标会用图形🖱(右击)标明。

4.3 大雄机电CAD软件体验

为了使用户能尽快熟悉并掌握大雄机电CAD的使用,尤其是针对具有一定计算机绘图基础的用户,我们讲解一个完整零件图的全部绘制过程,帮助用户快速入门。要绘制的零件样图如图4-5所示。该图主要包括四方面内容:图形部分、工程标注部分、文字技术要求、边框及标题栏。

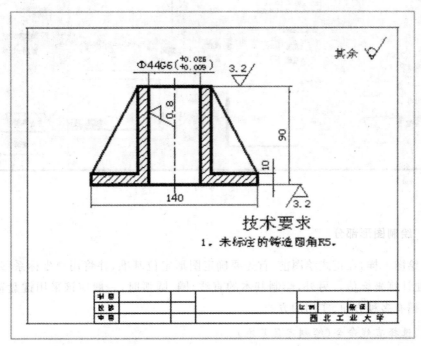

图 4-5

4.3.1 图形初始化

图例操作:

首先,通过下拉菜单[文件]→[新文件]功能(见图4-6),创建新文件并初始化绘图环境,包括图幅、绘图比例、边框、标题栏样式(选择:比例1∶1;图幅A3;边框:样式5-西工大,见图4-7)。

图 4-6

"大雄机电CAD"软件可以自动控制绘图比例,用户在绘图过程中,所有数据均按零件的实际尺寸输入,软件会自动根据设置的绘图比例调整大小,与AutoCAD是有差别的。

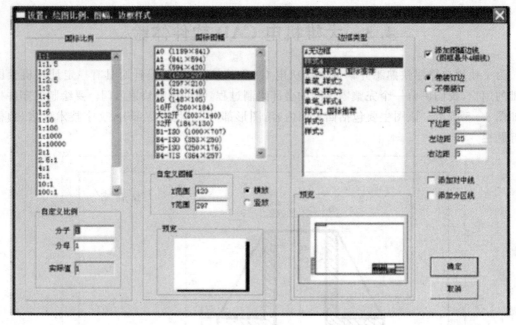

图 4-7

4.3.2 绘制图形部分

跟手工绘图一样,在正式绘图前,首先要确定图形定位基准,并将用户坐标系移动到合适位置,以方便计算坐标值。另外,绘制基本的直线、圆、圆弧时,一般应该采用键盘输入数据。键盘输入数据有多种方便、实用的方式。

1. 首先,选择直线命令(绘制定位基准)

（左一）(见图 4-4),用鼠标绘制定位基准线。因为需要绘制的是点画线,需要修改当前线型,按 F11。

修改线型最方便、快捷的方式:按 F9~F12 功能键(F9 粗实线,F10 细实线,F11 点画线,F12 虚线)。也可以点击屏幕上部 （上二)(见图 4-4)修改线型。

提示:输入直线起点:P1(在 P1 位置左击鼠标,见图 4-8)。

提示:输入直线终点:P2(在 P2 位置左击鼠标,见图 4-8)。

提示:输入直线终点:（右击)(在任意位置右击鼠标)。

提示:输入直线起点:P3(见图 4-8)。

提示:输入直线终点:P4(见图 4-8)。

提示:输入直线终点:（右击)。

2. 选择坐标平移命令(平移坐标原点)

（上一)(见图 4-4),将用户坐标系原点移动到合适位置,以方便计算点坐标。

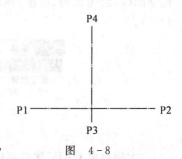

图 4-8

提示:输入新坐标原点:P1(在P1位置左击鼠标,见图4-9)。

3. 选择直线命令(绘制图形)

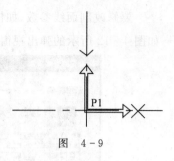

图 4-9

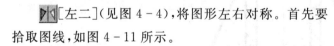[左一](见图4-4),按F9将线型设置为粗实线,用键盘输入点坐标方式,绘制图形。

注意:用键盘输入点坐标,如70,0两数之间用","分隔。输入的点坐标是相对坐标系原点的XY坐标值,在点坐标数字前也可加字符"@""<"等前缀,以得到相对坐标、极坐标等。详细介绍请参看4.5.6点坐标输入。下面给出了绘制图4-10所示直线图形的步骤示例。

提示:输入直线起点:0,0 ↵

提示:输入直线终点:X70 ↵

提示:输入直线终点:Y10 ↵

提示:输入直线终点:X-40 ↵

提示:输入直线终点:Y80 ↵

提示:输入直线终点:70,10 ↵

提示:输入直线终点:↵(不输入任何字符直接回车)

提示:输入直线起点:22,0 ↵

提示:输入直线终点:Y90 ↵

提示:输入直线终点:↵(不输入任何字符直接回车)

提示:输入直线起点:0,90 ↵

提示:输入直线终点:X30 ↵

提示:输入直线终点:↵(不输入任何字符直接回车)

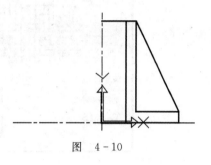

图 4-10

4. 选择镜像对称命令(左右对称)

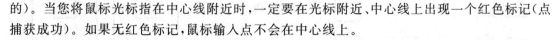[左二](见图4-4),将图形左右对称。首先要拾取图线,如图4-11所示。

提示:选定要对称图形:P1。

提示:窗口第二点:P2。

提示:选定要对称图形:(右击)。

提示:输入对称线上首点:P3。

提示:输入对称线上另一点:P4。

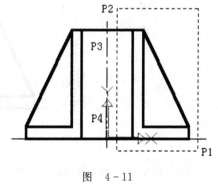

图 4-11

为保证鼠标输入数据一定在对称中心线上,"点捕获"图示 [上一](见图4-4)要打开(缺省是打开的)。当您将鼠标光标指在中心线附近时,一定要在光标附近、中心线上出现一个红色标记(点捕获成功)。如果无红色标记,鼠标输入点不会在中心线上。

5. 选择剖面线填充(区域填充)命令

[左一](见图4-4),填充剖面线。

剖面线填充采用种子点自动查找边界。在要填充的区域内任点击一点,软件会自动在该点外查找一个封闭区域作为边界。如果不存在封闭区域,将提示出错。

要修改剖面线参数,如样式、间距、角度,请点击"缺省参数"图标 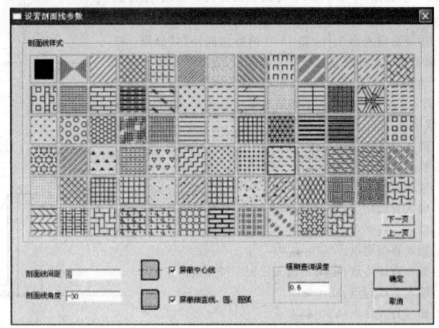(见图 4-4),会得到如图 4-12 所示的弹出视窗。

图 4-12

提示:输入种子点:P1(见图 4-13)。
提示:输入种子点:P2(见图 4-13)。

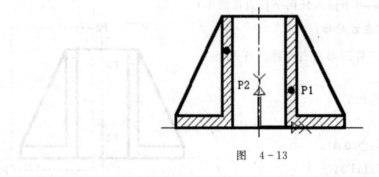

图 4-13

图形中的中心线既可以作为剖面线边界,也可以忽略,缺省参数设置中有专门的控制按钮。同样,细直线是否能作为边界,缺省参数设置中也有专门按钮(见图 4-14)。

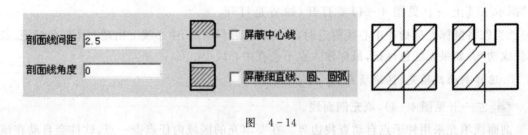

图 4-14

4.3.3 工程标注部分

例图中,主要标注直线尺寸、粗糙度两种。至于实际绘图中其他的标注,如形位公差、剖切平面等,操作基本类似,请注意多看一下命令提示说明。

在工程标注中,一般采用鼠标输入数据点较方便、实用,但要注意输入点的准确性。为保证鼠标输入数据准确,"点捕获"图标 ⊞ [上一](见图4-4)要打开。当将鼠标光标指在图线附近时,一定要在光标附近图线上出现一个红色标记(捕获成功)。如果无红色标记,鼠标输入点不会在图线上。

操作举例:

1. 选择直线尺寸命令(标注长度尺寸)

⊢⊣[左三](见图4-4),标注水平、垂直尺寸。

提示:输入尺寸首点:P1(见图4-15)。

提示:输入尺寸第二点:P2(见图4-15)。

提示:输入数字定位点:P3(见图4-15)。

注意:标注水平尺寸还是垂直尺寸,是由尺寸数字定位时鼠标光标所在位置的(P3点)确定。当鼠标光标水平方向位于 P1,P2 两点之间时,标注水平尺寸(见图4-16(a));当鼠标光标垂直方向位于 P1,P2 两点之间时,标注垂直尺寸(见图4-16(b))

另外,在用户输入 P1,P2 两点后,下一步即要求输入尺寸数字定位点,同时,在屏幕上部提示栏中的数据输入框中出现尺寸数字。该数字是软件根据 P1,P2 两点的坐标值自动计算出来的。如果不合适,可以直接在编辑框中修改,如图4-17所示。

采用上述同样的操作方式,标注另外两个垂直尺寸。

说明:尺寸数字的圆整精度(即保留的小数位数),由缺省参数中"小数位数"控制,0表示圆整为整数(无小数),1表示保留一位小数。系统初始缺省设置是0。如需要小数,点击"缺省参数"图标 ✿ [上二](见图4-4),会得到如图4-18所示的弹出视窗。

要标注带后缀的尺寸,如公差配合、理论尺寸等,同样点击"缺省参数"菜单图标 ✿ [上二](见图4-4),会得到如图4-19所示的弹出视窗。

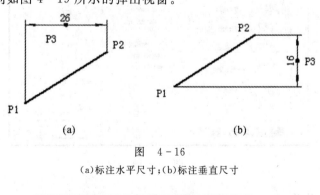

图 4-16

(a)标注水平尺寸;(b)标注垂直尺寸

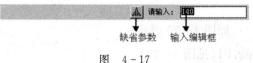

图 4-17

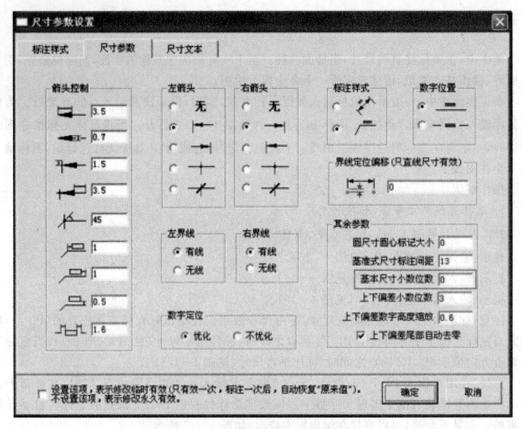

图 4-18

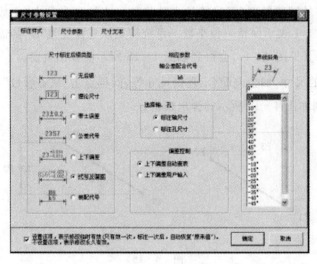

图 4-19

2. 标注粗糙度符号

[左三](见图 4-4),如图 4-20 所示。

提示:拾取粗糙度平面:P1(见图 4-20)。

提示:输入粗糙度符号定位点:P2(见图4-20)。

粗糙度符号的方向定位,由P2点相对拾取平面的上下位置确定。另外,如果粗糙度符号标注在拾取平面外,软件会自动加延伸线。

要修改粗糙度的值,点击"缺省参数"图标 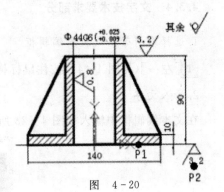[上二](见图4-4),会得到如图4-21所示的弹出视窗。

采用上述同样方法,再标注另外两个粗糙度符号。

图纸右上角"其余"粗糙度符号可按下述操作完成。

首先,点击"粗糙度"图标[左三](见图4-4)。

图 4-20

提示:拾取粗糙度平面:在图纸空白处左击鼠标(鼠标光标处不能有图线,否则,会执行前面的操作,如图4-22所示)。

上部"文本编辑框"中自动添加"其余"文字,如果需要添加其他文字,可以直接在编辑框修改。在图纸右上角合适位置左击鼠标即可。

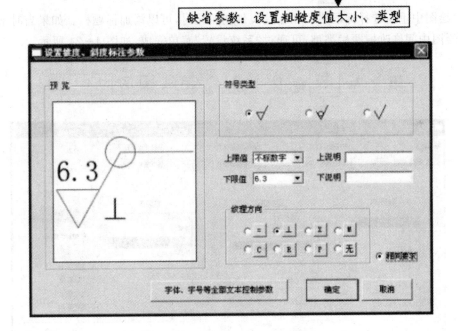

图 4-21

图 4-22

4.3.4 文字技术要求部分

1. 选择多行带格式文本编辑框

T[左一](见图4-4),按住鼠标拖动出一个文本编辑框。

2. 输入文字

在文本编辑框中输入如图4-23所示文字。

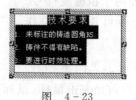

图 4-23

4.3.5 选择边框及填充标题栏

边框/标题栏既可以在新建文件时选定,也可以在绘图中用"系统设置"菜单重新选择;填充标题栏文字需用文本命令 **T**[左一](见图4-4)。

(1)绘图中重新选择标题栏。在新建文件初始化时,可以添加标题栏。如果当时未添加或者要在绘图中间修改标题栏类型,可通过"系统设置"菜单完成,如图4-24所示。

图 4-24

（2）填充标题栏文字。点击文本命令 **T** [左一]（见图 4-4），将鼠标光标移动到要填写文字的标题栏框内，左击鼠标，软件会自动生成一个带格式文本编辑框供输入文字。当输入文字过多时，会自动调整文字大小，保证不超出。

"大雄机电 CAD"中，边框、标题栏和图纸图幅大小有密切关联。在图纸图幅大小改变后，边框、标题栏（包括标题栏中的填充文字）也会相应自动调整，如图 4-25 所示。

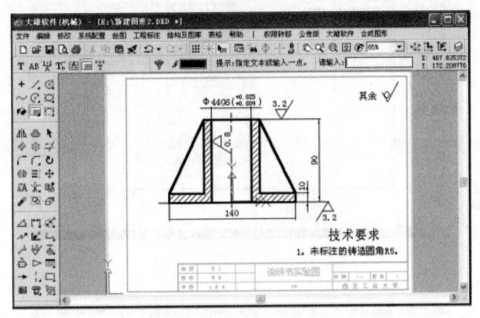

图　4-25

4.4　大雄机电 CAD 软件的帮助功能

DXCAD 软件为学习使用者提供了两种目前最具创意、技术手段最为先进的引导式自学帮助功能。

4.4.1　引导式自学帮助 1——初学入门绘图教程

单击菜单行中的"多媒体教程"或 F1 键，就会进入初学入门绘图教程。根据说明和图示一步步引导，对绘图的步骤和基本方法会有一个初步的认识和理解，如图 4-26 所示。

4.4.2　引导式自学帮助 2——图标菜单的解释说明

用鼠标右击图标菜单，如右击 ╱ [左一]（见图 4-4），则会弹出如图 4-27 所示窗口，对直线的绘图命令进行详尽的引导式解释说明和演练。除此之外，该窗口还提供一些通用问题的帮助说明，便于使用者能快速、高效地学习和使用该软件。

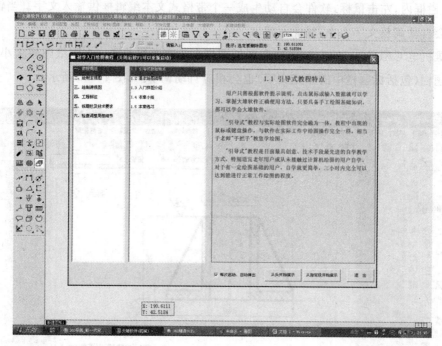

图 4-26

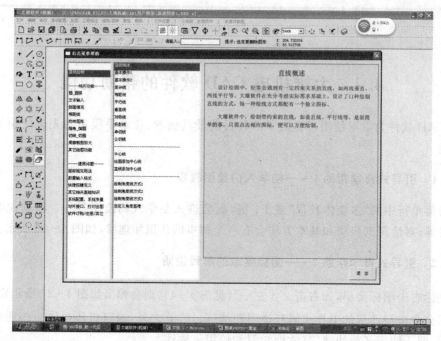

图 4-27

第5章

DXCAD 软件绘制机械图的主要功能简介

本章将介绍大雄机电 CAD 二维工程绘图软件——DXCAD 软件中的基本概念和常用绘图工具;绘制机械图的的主要功能,包括绘图功能、编辑修改功能、尺寸标注、文本的编辑修改等。

5.1 DXCAD 软件中的基本概念和常用绘图工具

5.1.1 点捕获工具

在机械设计中,往往要求输入一些有特殊要求的点,譬如直线的端点、中点、图素的交点等。这些点坐标,一般很难记住,但直接用屏幕十字光标定位精度太差,无法得到准确值。此时,可使用"端点捕获"功能。

要修改、设置点捕获类型,可点击"系统设置"图标(见图 5-1)。"点捕获"图标(见图 5-1)只是控制是否打开点捕获功能。也可以通过功能键 F2 快速打开或关闭。

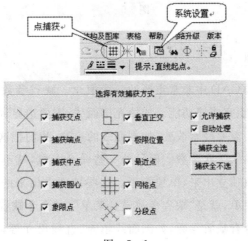

图 5-1

5.1.2 鼠标方向导航

在绘制某些有对齐关系的图形时,合理利用方向导航是非常必要的,如图 5-2 所示。

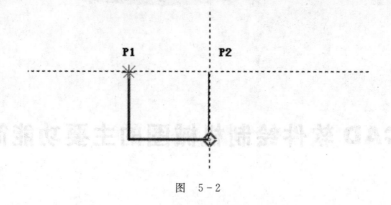

图 5-2

要修改方向导航控制方式，可点击"系统设置"图标（见图 5-3）。"导航开关"图标只是控制是否打开方向导航功能。

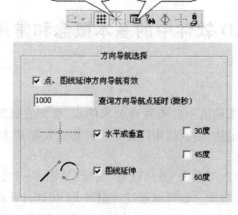

图 5-3

5.1.3 命令缺省参数

"命令缺省参数"是 DXCAD 中非常重要的一个概念。缺省参数是指在一个命令功能中，经常需要输入很多参数才能完成该功能。如填充剖面线，需要边界、剖面线类型、剖面线角度、间距等。这些参数中，有些需要经常改变，如剖面线的边界，我们把这类参数放在命令流程上，每完成一次命令，就必须输入一次参数。而另外一些命令参数，就不需要经常改变，但又不能设置为固定值，把这类参数独立出来，单独管理。这些被独立出来的参数，称为缺省参数。负责设置、修改这些参数的菜单，就是"缺省参数设置菜单"。"命令缺省参数"设置图标有两种状态：有效或无效。有些命令有缺省参数，如剖面线填充、直线尺寸等，此时，"命令缺省参数"菜单自动变为有效、可用。有些命令无缺省参数，如绘直线、绘圆等，此时，"命令缺省参数"菜单自动变为无效、不可用，如图 5-4 所示。

DXCAD 软件的功能命令，一般来说，控制参数设计得较多、较合理，且基本和该命令关联在一起。如果一个命令在执行中，缺省参数菜单有效，而用户希望输入的参数又无处输入，绝大部分情况下,该参数是放置在缺省参数菜单中。例如:倒角、倒圆命令中倒角、倒圆大小;等距线命令中的等距距离;粗糙度命令中的粗糙度值查表;尺寸标注命令中的公差、配合等各种尺寸数字后缀等等,如图 5-5 和图 5-6 所示。

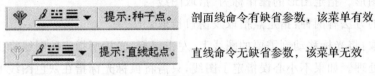

提示:种子点。 剖面线命令有缺省参数,该菜单有效

提示:直线起点。 直线命令无缺省参数,该菜单无效

图 5-4

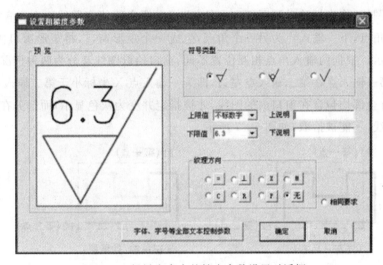

图 5-5 粗糙度命令的缺省参数设置对话框

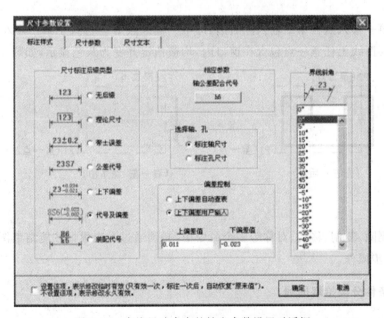

图 5-6 直线尺寸命令的缺省参数设置对话框

5.1.4 拾取图线

删除、复制、移动、对称等多个命令中,在对图形进行删除或图形变换处理前,首先需要先指定要处理的图形。指定图形的操作称为"拾取图线"。

拾取图线的方法有两种:指定点拾取及窗口拾取。

指定点拾取:将光标移动到需要的图线上,左击鼠标,光标所指定的图线将变为灰色显示,表示已指定要处理。如果不小心误指定了图线,只需将鼠标光标指在灰色图线上再左击一次,灰色图线变为本色显示,表示已去除指定状态。

窗口拾取图线:将光标移动到图纸空白处(光标方框内不能有图线),左击鼠标,软件以该输入点为一个角点,下一输入点为另一个角点,生成一个矩形窗口,将矩形窗口内的图线指定并变为灰色显示。根据两输入角点相互位置不同,窗口拾取图线又分为两种情况。

第一种:第一输入点在第二输入点左边,即第一输入点 X 坐标小于第二输入点 X 坐标,窗口拾取时,只有全部均包含在窗口内的图线,才被指定并变为灰色显示,而部分在窗口内,部分在窗口外的图线,不能被拾取,如图 5-7 所示。

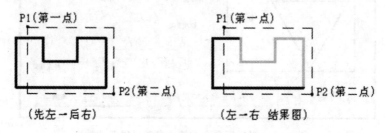

图　5-7

第二种:第一输入点在第二输入点右边,即第一输入点 X 坐标大于第二输入点 X 坐标,窗口拾取时,只要图线上任意一点包含在窗口内,均被指定并变为灰色显示,如图 5-8 所示。

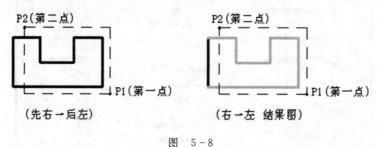

图　5-8

注意:在删除、复制、移动、对称等多个命令中,必须通过右击鼠标才能结束图线拾取过程,进入命令下一步操作。

5.1.5 条件分类拾取图线

"过滤条件设置"用于设置图线查询中的过滤条件。有线色、线型、线宽、图线类型四个条件。该工具是 DXCAD 软件中很有特色的一个实用工具,借用该工具,可以很方便地将全部图形数据分类处理,如图 5-9 所示。

5.1.6　点坐标输入

图线数据点坐标的输入方式主要有两种:鼠标输入及键盘输入。

鼠标输入方式:方便、快捷、与坐标原点位置无关等,但主要缺陷是数据不准确,限制了其大量使用。鼠标输入方式,主要用于工程标注、拾取图线等对已存在图线的操作,为保证输入数据的准确性,一定要使用点捕获工具。

键盘输入方式:主要特点是准确。图纸上的直线、圆、圆弧等基本图线,一般来说,应该用键盘输入的方式绘制。键盘输入点坐标数据时,为了方便、快捷,提供了以下多种输入形式。

键盘输入:20,30 ◀┙

标准形式。相对坐标原点 X=20,Y=30。

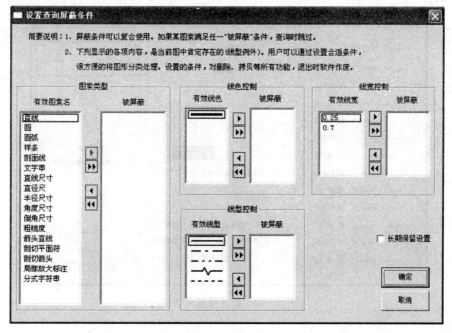

图 5-9　过滤条件设置对话框

键盘输入:20 ◀┙

相对长度。相对前一输入点,距离为 20,角度由前一输入点和当前光标点的连线确定。

键盘输入:X20 ◀┙

相对长度。相对前一输入点,X 增加 20,Y 保持不变。

键盘输入:Y20 ◀┙

相对长度。相对前一输入点,Y 增加 20,X 保持不变。

键盘输入:@10,20 ◀┙

相对点坐标。相对前一输入点,X 坐标增加 10,Y 坐标增加 20。

键盘输入:>10,20 ◀┙　或　<10,20 ◀┙

极坐标形式。以坐标原点为基准,距离为 10,与 X 轴水平夹角 20°。

键盘输入:@>10,20 ↵

相对极坐标。相对前一输入点,距离为 10,与 X 轴水平夹角 20°。

5.1.7　图层管理

"大雄机电 CAD"的内部数据库是层次数据结构,全部图形数据均放置在各图层上,图层与图层之间相互独立。

本软件中,图层最有用的地方,可能是处理图形之间的遮挡问题。各种图片、WMF 矢量图元及各种带背景填充、带消隐、颜色实填充的图线,这些图线之间必然涉及相互遮挡消隐问题。

修改图层号用到的命令是"属性修改"点击 ▤▮[左二](见图 4-4)会得到,如图 5-10 所示的弹出视窗。

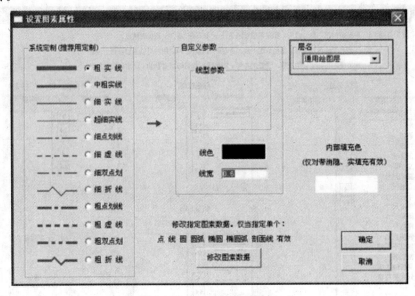

图 5-10　属性设置对话框

5.1.8　视窗的放大与移动

我们在屏幕上看到的图形,实际是图纸上某一块图形(即窗口)按一定比例缩放后显示到屏幕上(即视区)的结果。视窗调整只是修改了图形在屏幕上的显示大小,并不改变图形的内部数据,与图形的真实大小无关,不影响打印图纸大小及样式。

1.鼠标中键控制视窗

"大雄机电 CAD"在鼠标中间的滚动轮上设计有三个快捷功能,很好用,不需要切换任何命令随时可用,对提高绘图效率大有帮助。

功能一:直接拖动图形。按下鼠标滚动轮不放,拖动鼠标,可以上、下、左、右拖动图形。

功能二:缩放图形显示。滚动鼠标滚轮(特别注意不要按下去),可以缩放当前图形显示。以当前鼠标所在位置为中心,上滚放大、下滚缩小。

功能三:鼠标滚轮菜单。点击鼠标滚轮,弹出滚轮菜单如图5-1所示,该菜单主要是经常用到的绘图工具。

2.键盘控制视窗

(1)小键盘"5"刷新显示。本软件对删除、修剪等操作中需要擦除的图线基本可以做到及时清除,但有时也可能因各种原因导致屏幕上出现一些无用的"残线",按小键盘"5"键,可以将整个显示屏幕清空、刷新重显示一遍。

(2)↑→↓←方向键移动显示。"键盘方向键↑→↓←"既支持编辑框文字光标的移动,也支持用"键盘方向键↑→↓←"移动图形显示。使用规则为:

1)文本编辑。当"输入编辑框"有字符时,按下"键盘方向键↑→↓←"将用于文字光标的移位,如图5-12所示。

图　5-11

图　5-12

2)移动屏幕图形显示。当"输入编辑框"没有任何字符时,"键盘方向键↑→↓←"将用于屏幕图形显示移动,如图5-13所示。

图　5-13

(3)PgUp,PgDn 缩放图形显示。PgUp:将屏幕显示放大1/4。PgDn:将屏幕显示缩小1/4。

3.显示命令控制视窗

全部的显示命令,均位于屏幕上部工具栏中,如图5-14所示。

图　5-14

注意:所有的显示命令,是透明命令。举例来说,如果我们正在用直线尺寸命令标注尺寸,尺寸命令需要输入三个点,而我们已输入了两个点,在输入第三点时,发现屏幕显示的图形位置不合适。此时,可以用显示命令来调整屏幕显示窗口。在点击显示命令时,软件会自动将直线尺寸命令的所有参数、变量、点坐标保护。在显示命令调整好屏幕显示窗口后,软件自动恢复直线尺寸命令及保护的相应参数。这种不影响其他命令操作的命令,称其为"透明命令"。

全部显示命令说明:

拖动窗口。按住鼠标左键移动,拖动显示窗口。一般用按住滚轮拖动代替。

拖动缩放。按住鼠标向上:放大;按住鼠标向下:缩小。一般用滚动滚轮代替。

开窗放大。在屏幕上指定两点,将两点构成的矩形框内图形,放大显示到全屏。

将全部图形,自动按最大比例,完整显示到全屏。

恢复上一级的图形显示窗口。

62.2% 提示当前图形显示真实比例,也可重新设置图形显示的真实比例。

5.1.9 鼠标手势功能

"手势菜单"是目前较新颖的一种菜单输入方式,该方式主要通过拖动鼠标绘制一个简单图案、利用模式识别技术判断图案类型,达到切换软件功能的目的。

DXCAD 添加了两个非常有特色的实用功能:删除功能、命令切换功能,如图 5 - 15 所示。

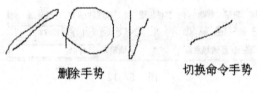

删除手势　　　　　切换命令手势

图　5 - 15

说明:任何命令、任何时刻按下鼠标右键拖动,即开始绘制手势。

1. 删除手势

按下鼠标右键拖动绘制手势线,软件可以将与手势线相交图形删除,如图 5 - 16 所示。

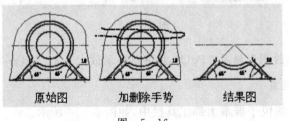

原始图　　　　加删除手势　　　　结果图

图　5 - 16

删除手势有封闭、不封闭两种,鼠标徒手绘制(无须很准确,大致差不多即可),如图 5 - 17、图 5 - 18 所示。

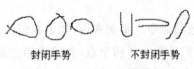

封闭手势　　　　不封闭手势

图　5 - 17

封闭手势又分为两种情况:①删除封闭内部及相交部分;②只删除封闭内部图形。

两者区别靠 Ctrl 键控制。按下 Ctrl 键绘制封闭线,只删内部图形,如图 5 - 19 所示。

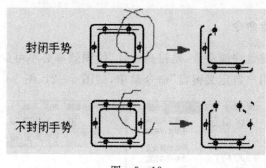

图　5-18

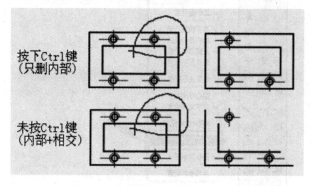

图　5-19

2.切换命令手势。

按下鼠标右键拖动绘制手势线,软件将与该手势线相交图形查找出来,根据图形类型,切换到相应命令。如果图线是直线,切换到直线命令;如果图线是圆尺寸,切换到圆尺寸标注。切换时,还可以将指定图线的线型参数、某些控制参数带入命令(如剖面线间距等),如图5-20所示。

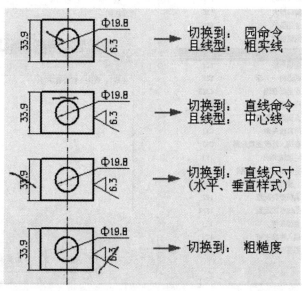

图　5-20

5.1.10 自定义键盘命令

定义一些个性化的键盘快捷命令,是提高设计、绘图效率必不可少的手段。在系统配置菜单下,专门添加有一个"用户自定义键盘"命令菜单,如图 5-21、图 5-22 所示。

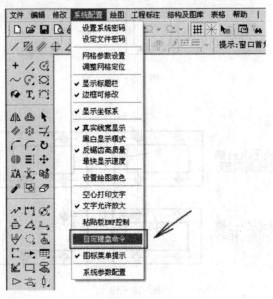

图 5-21

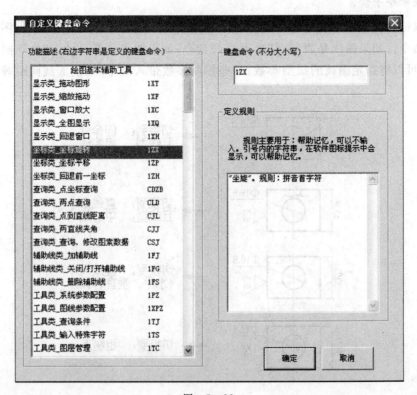

图 5-22

5.1.11　数据查询、计算

本节主要介绍"大雄机电 CAD"中查询、计算工具。该命令由 8 个子功能组成。提供点坐标查询,多点查询列表,两点坐标、距离、长度、角度查询,点到直线、圆、圆弧距离查询,两直线夹角查询,统计图线个数、类型查询,周长、面积、重心计算及计算惯性矩等,如图 5-23 所示。

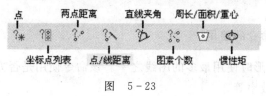

图　5-23

5.2　DXCAD 软件主要绘图功能简介

本节所介绍的命令可以通过点击"绘图"下拉菜单中的相关命令执行,也可以通过点击图 4-4 中[左一]处的相关快捷图标菜单执行,采用后一种方式的绘图效率更高。

快捷图标菜单的右下角有黑三角标记的,说明该命令有多种方式。左击该图标,并保持按压状态,在该图标的周围就会显现出该命令的各种方式图标,将光标移动到希望的方式图标上,松开鼠标左键即可。

5.2.1　点命令的使用

该命令用于绘制各种样式的点图线。有缺省参数,用于控制点图线类型和点的大小,如图 5-24 所示。

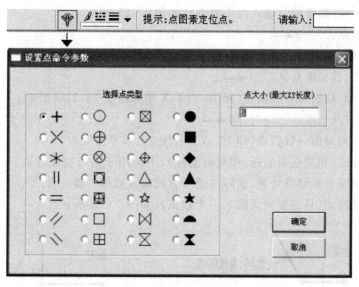

图 5-24　点命令的缺省参数设置

图例操作:尝试绘制出图 5-25 中不同类型、大小的点图线。

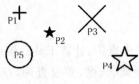

图 5-25

5.2.2 绘制直线命令的使用

直线是绘制各种图形时使用最多的图线之一。该命令使用是否方便、功能是否完善,直接影响到软件性能、绘图效率等。

该命令由 10 个子功能组成(见图 5-26)。通过各种绘图方式,方便绘制各种情况下的直线。

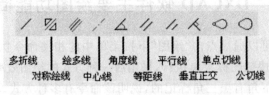

图 5-26

1. 绘制直线命令中各种便捷、实用的键盘数据输入方式

绘制直线命令是绘图中用到的频率最高的命令,熟练掌握软件提供的各种实用、便捷的键盘数据输入方式,对提高整个绘图效率有很大帮助。直线数据点键盘输入有两种形式:点坐标样式(需要输入 XY 两个数据)或相对长度样式(只需要输入一个数据)。

(1)点坐标样式(需要键盘输入两个数据),如图 5-27 所示。

提示:直线起点:20,70 ⏎

绝对直角坐标,相对当前坐标系原点,X 坐标 20,Y 坐标 70。

提示:下一点(或长度):@20,0 ⏎

相对直角坐标,相对前一数据点(即 20,70),X 坐标增加 20,Y 增加 0。

提示:下一点(或长度):@>30,60 ⏎

相对极坐标,相对前一数据点(即 P2 点),长度 30、水平角度 60°。

注意:相对方式(相对直角坐标、相对极坐标),不能用于输入直线起点。由于没有相对参考点,软件会自动按坐标原点计算,实际与绝对方式输入效果一样。

(2)相对长度样式(只需要键盘输入一个数据),如图 5-28 所示。

图 5-27 点坐标样式　　　　图 5-28 相对长度样式

提示:直线起点:20,70 ⏎

绝对直角坐标,相对当前坐标系原点,X 坐标 20,Y 坐标 70。

提示:下一点(或长度):X30 ↵

相对长度,相对前一数据点(即 20,70),X 坐标增加 30。

提示:下一点(或长度):Y20 ↵

相对长度,相对前一数据点(即 P2 点),Y 坐标增加 20。

说明:①如果不加 X,Y 前缀,直接输入 30 也可以,此时,直线伸长方向由当前光标所在点与前一输入点连线确定,该方式雷同 Autocad 的相对长度输入操作。操作过程:先用鼠标确定直线方向(只移动鼠标,但不点击鼠标),再键盘输入长度,回车。②相对长度方式不能用于输入直线起点,由于没有参照点,因此软件会提示出错。

2. 图例操作

尝试绘制出图 5 - 29 中的各种直线。

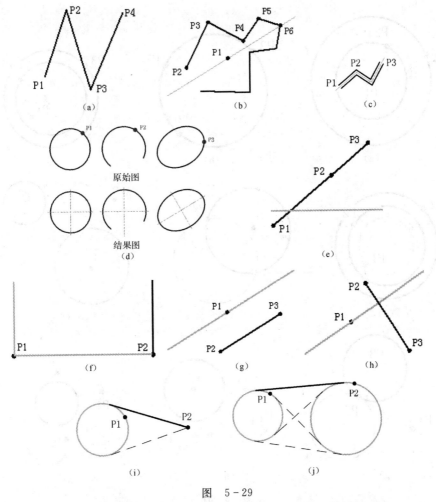

图　5 - 29

(a)连续折线段;(b)对称直线;(c)双线或多线;(d)中心线;(e)角度直线;
(f)等距平行线;(g)平行线;(h)垂直正交直线;(i)一点相切直线;(j)圆公切线

5.2.3 绘制圆命令的使用

圆也是绘制各种图形时使用最多的图线之一。该命令使用是否方便、功能是否完善,也直接影响到软件性能、绘图效率等。

该命令由 9 个子功能组成(见图 5-30),采用各种绘图方式,方便绘制各种情况下的圆。

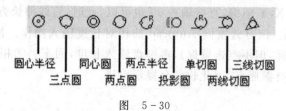

图 5-30

图例操作:尝试绘制出图 5-31 中的各种圆。

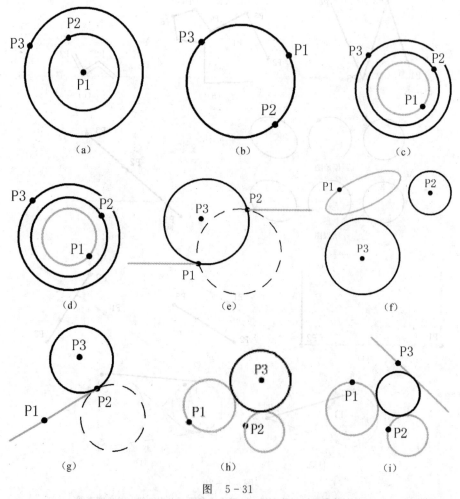

图 5-31

(a)圆心、半径绘圆;(b)三点绘圆;(c)与指定圆同心绘圆;(d)两点绘圆;

(e)两点、圆半径绘圆;(f)投影方式绘圆;(g)与一线相切绘圆;(h)与二线相切绘圆;(i)与三线相切绘圆

5.2.4　绘制圆弧命令的使用

圆弧也是绘制各种图形时使用最多的图线之一。该命令使用是否方便、功能是否完善,也直接影响到软件性能、绘图效率等。

该命令由 8 个子功能组成(见图 5-30),采用各种绘图方式,方便绘制各种情况下的圆弧。

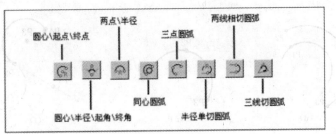

图　5-30

该命令含有缺省参数,控制圆弧的顺时针、逆时针方向及角度参照位置(见图 5-31)。

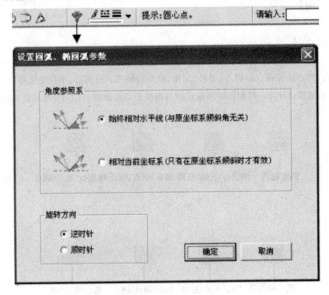

图　5-10

图例操作:尝试绘制出图 5-33 中的各种圆弧。

5.2.5　绘制椭圆、椭圆弧命令的使用

绘制椭圆命令由 4 个子功能组成(见图 5-35),无缺省参数。

绘制椭圆弧命令也由 4 个子功能组成(见图 5-36),有缺省参数。

绘制椭圆弧命令含有缺省参数,控制椭圆弧的顺时针、逆时针方向及角度参照位置(见图 5-33)。

图例操作:尝试绘制出图 5-37 中的各种椭圆。

图例操作:尝试绘制出图 5-38 中的各种椭圆弧。

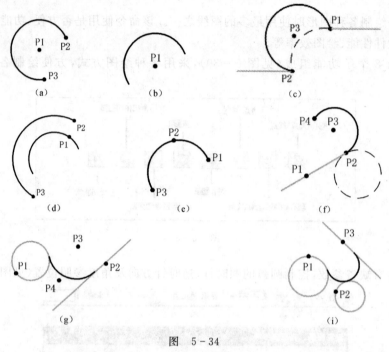

图 5-34

(a)圆心、起点、终点绘圆弧;(b)圆心、半径、起角、终角绘圆弧;(c)两点、半径绘圆弧;(d)同心圆弧;
(e)三点绘圆弧;(f)与一线相切绘圆弧;(g)与两线相切绘圆弧;(h)、(i)与三线相切绘圆弧

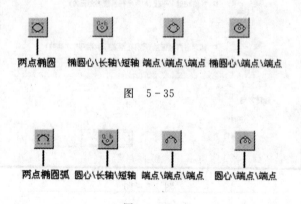

图 5-35

图 5-36

5.2.6 波浪线的绘制

用样条曲线表达机械制图中常用到的波浪线。波浪线在机械制图国标中是一种线型,但在本软件中不能作为一种线型使用,本软件也没有这种线型。要绘制波浪线,必须用样条曲线处理。考虑到机械制图中,绝大多数波浪线是用于表示物体的断裂线,是细实线,因此,绘制样条曲线命令缺省线型自动设置为细实线,与系统设置的线型参数无关。如果需要粗波浪线,可以通过"属性修改"命令修改线宽。该命令无缺省参数。

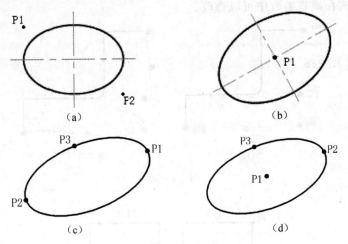

图　5-37

(a)两点绘椭圆;(b)椭圆心、长轴、短轴绘椭圆;(c)三个端点绘椭圆;(d)椭圆心和两个端点绘椭圆

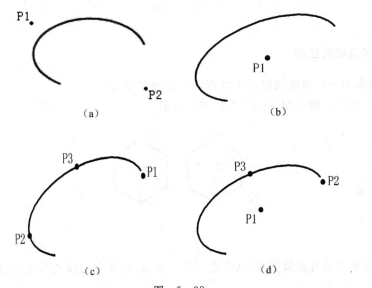

图　5-38

(a)两点绘椭圆弧;(b)椭圆心、长轴、短轴绘椭圆弧;(c)三个端点绘椭圆弧;(d)椭圆心和两个端点绘椭圆弧

图例操作:尝试绘制出图 5-39 中的波浪线。

5.2.7　矩形框的绘制

绘制矩形框命令用于绘制机械制图中常用到的矩形。

图例操作:尝试绘制出图 5-40 中的矩形。

提示:

(1)矩形是否自动添加中心线,可以通过按 Ctrl 键控制;另外,确定矩形另一角点时(即 P2 点),也可以直接用键盘输入 DX,DY 值(注意:DX,DY 有正负差别)。

(2)第一个矩形框输入后,可以继续按第一个矩形框大小再次输入矩形框(图 5-40 中 P3

点），矩形定位方式在缺省参数中可以修改。

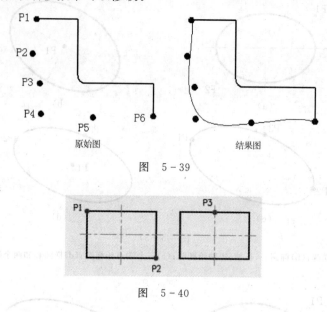

图　5－39

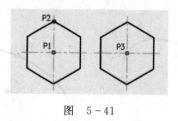

图　5－40

5.2.8　多边形的绘制

绘制多边形用于绘制机械制图中常用到的各种正多边形。

图例操作：尝试绘制出图5－41中的正六边形。

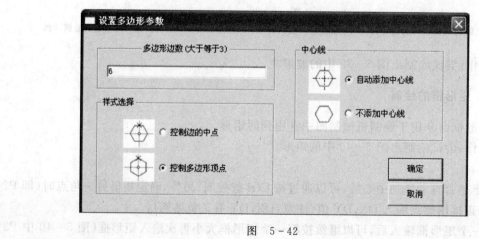

图　5－41

提示：多边形由缺省参数 👆 控制多边形边个数、样式及中心线的有无（见图5－42）。

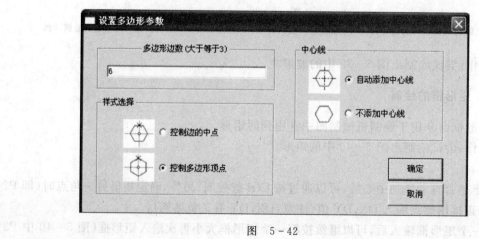

图　5－42

5.1.9　带箭头直线的绘制

绘制带箭头直线用于绘制头部带箭头的直线。在机械制图中，常用来绘制表示视觉方向的指引线，如向视图指引线、投影方向引线等，如图 5-43 所示。

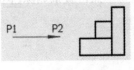

该命令含有缺省参数，用于设置箭头类型和控制箭头大小尺寸（见图 5-44）。

图　5-43

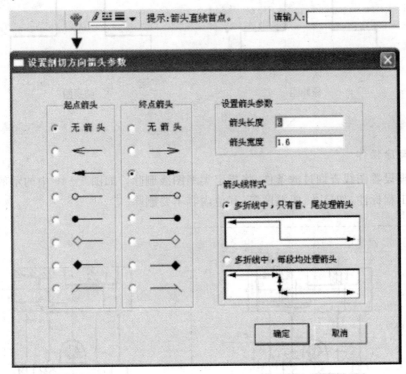

图　5-44

5.3　DXCAD 主要图形编辑、变换及修改功能

本章后面所介绍的命令可以通过点击相应下拉菜单中的命令执行，绝大部分的命令也可以通过点击图 4-4 中的相关快捷图标菜单执行。采用后一种方式的绘图效率更高，因此，文中所介绍功能的实现主要是通过点击相关快捷图标菜单来实现的。文中快捷图标菜单后面加有标注[左一][左二][左三][上一]和[上二]，表示该图标菜单在图 4-4 所示视窗中的位置。

5.3.1　删除图线

删除已绘制图形的命令有两个：立即删除命令及剪切命令。

两个命令的主要差别：立即删除命令是一指定图线，立即删除，无缓冲余地。而剪切命令是先指定图线，但不立即删除，只是变为灰色显示，可以一次指定多条图线。指定结束后，一定要右击鼠标才能进行删除处理。被删除的图线，自动放入系统粘贴板中，供粘贴命令使用。

1.立即删除操作

点击直接删除 ，可以得到如图 5 - 45 所示结果。

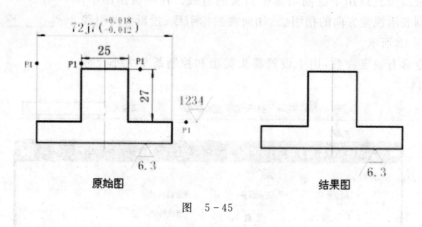

原始图   结果图

图　5 - 45

2.分类删除操作

通过合理设置图线查询过滤条件,将指定类型图线删除。如图 5 - 46 中的示例,要求删除图中的所有工程标注,如尺寸、粗糙度等,其他内容不要删除。

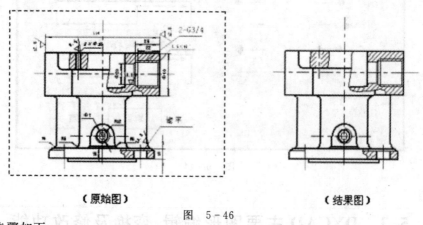

（原始图）   （结果图）

图　5 - 46

具体步骤如下:

(1)点击直接删除 。

(2)通过查询条件设置菜单 ,设置图线查询过滤条件(见图 5 - 47)。

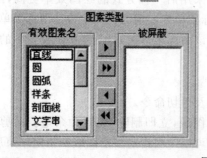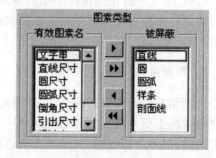

图　5 - 47

查询过滤条件有四项,根据我们对图线操作的要求,实际只要"图线类型"一项即可。图5-47 中左边为"图线类型"初始化状态,显示的图线类型均是当前图形中已存在的。因为我们需要删除所有工程标注,所以,应该将不能删除的图线,如直线、圆、圆弧等移动到右边"被屏蔽"栏,表示在拾取图线时屏蔽无效(不能拾取),设置完毕确定退出。

(3)拾取要删除的图线。为了简单、方便、实用,最好采用窗口拾取在图形外开一个大窗口,将所有图形包括进去,软件会自动根据查询条件查找、删除。

3.剪切删除图线

剪切命令特点:剪切掉的图线会自动放入系统粘贴板中,供本软件或其他各种软件粘贴用。

"大雄机电 CAD"中有两个系统粘贴板:一个供本软件粘贴,粘贴板上放置的数据是本软件的内部专用格式数据,剪掉的图形按 1∶1 放入。另一个粘贴板是供外部软件粘贴用,粘贴板上放置的数据是标准的 EMF 增强图元格式数据,绝大多数的文字处理、图形、图像处理软件,均支持该格式数据。可以按 1∶1 真实大小插入 Word 中,也可以由用户自定义缩放比例。

例如点击剪切 ✂,可以将图 5-46 中左侧的原始图剪切至系统粘贴板中。原始图在图中消失。

注意:必须通过右击鼠标来结束图线拾取过程。

剪切命令有两种操作方式:先指定图形、后点击操作命令;或先点击操作命令、后指定图形。

(1)先指定图形、后点击操作命令。在选定 ▶、对称 ◢◣、均布 等多个命令中,首先需要先选定图形,如果选定图形后直接点击剪切命令 ✂,软件会在当前命令状态下,将选定的图形剪切掉(不退出当前命令),这种方式先指定图形、后操作。在很多常见软件,如 Auto-ACD、Word 等,均采用该方式。

(2)先点击操作命令、后指定图形。该方式常见于 CAD 软件中,最初来源于 AutoCAD。本软件中规定:在未拾取任何图形的条件下,点击剪切命令 ✂,将进入剪切命令的图形拾取状态。拾取图形结束右击退出,也可以剪切图形。采用该方式,由缺省参数 ♈ 可以控制系统粘贴版。

5.3.2　复制、粘贴图线

这两个命令一般是合在一起应用的,共同完成对图形的拷贝操作,是目前 Windows 环境下各种通用软件公有的命令。但从实际绘图效果来看,最方便的图形拷贝操作,还是应该用"直接拷贝"命令更高效。

1.复制命令

"复制"命令,就是将用户指定的图形,放置到系统粘贴板上,供本软件或其他的各种软件粘贴用。与"剪切"命令的区别是,执行完"复制"命令后,被复制的图线依然存在。

"复制"命令可以通过点击 来实现。

2.粘贴命令

"粘贴"命令,就是将系统粘贴板中的内容,粘贴进"大雄机电 CAD 软件"中。该命令含有缺省参数 ⚘（见图 5-48),主要用于控制插入图形的放大比例及旋转角度。

"粘贴"命令可以通过点击 📋 来实现。

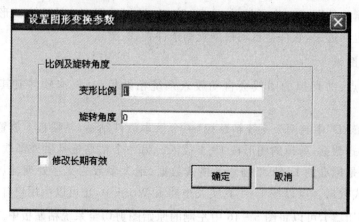

图 5-48

5.3.3 局部裁剪放大图

用圆形或矩形范围将图形裁剪,并按用户指定的放大比例,绘制成机械制图中的标准局部放大图。"裁剪过程"除文字串外,基本是所见即所得。对于文字部分裁剪有点特殊,基本原则:如果全部文字均位于裁剪范围内,则全部保留;如果整个文字串中有任何一部分位于裁剪范围外,则全部文字不保留。

1.圆形范围裁剪、放大图形

以图 5-49 中所示的图形为例,具体的操作步骤如下。

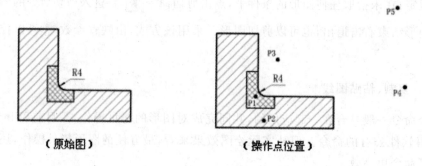

（原始图）　　　　　　（操作点位置）

图 5-49

(1)点击圆裁剪放大 ⊙。

提示:圆心点:P1;圆半径:P2;引出字符定位:P3。

(2)弹出视窗如图 5-50 所示,指定放大比例、放大图标记字符。

　　提示:放大图定位:P4;标注字符定位:P5。

　　图 5-51 所法为最终得到的结果图,其中文字"R4"因为有一部分处于裁剪范围外,全部去掉。

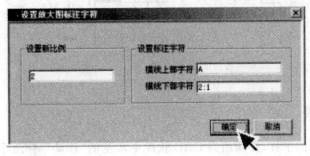

图　5-50

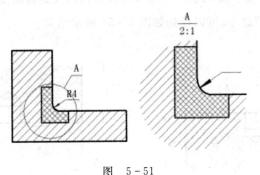

图　5-51

2. 矩形范围裁剪、放大图形

以图 5-52 中所示的图形为例,具体的操作步骤如下。

(1)点击矩形裁剪放大 ▦ 。

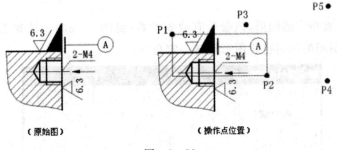

图　5-52

　　提示:矩形框首角点:P1;第二角点:P2;引出字符定位:P3。

　　(2)弹出视窗如图 5-50 所示,要求指定放大比例、放大图标记字符。

　　提示:放大图定位:P4;标注字符定位:P5。

　　图 5-53 所示为最终得到的结果图。其中文字"6.3"因为有一部分处于裁剪范围外,全部去掉。文字"2-M4"及"A"全部位于裁剪框内,全保留。其他图形,均按真实范围裁剪。

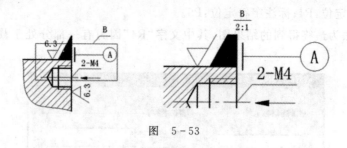

图 5-53

5.3.4 图形平移

要准确处理图形的平移,必须用到 CAD 软件中常见的"移动"✛命令。该命令有缺省参数(见图 5-48)。缺省参数主要用于控制图形的放大比例及旋转角度。

点击✛,执行"平移"命令,可以得到如图 5-54 所示结果。

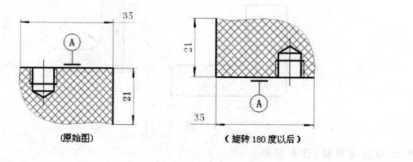

图 5-54

5.3.5 图形缩放

用于按比例缩放指定的图形,该命令有缺省参数(见图 5-55)。缺省参数用于增强命令功能,可以在缩放图形的同时也将图形旋转一定角度。

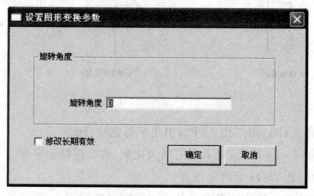

图 5-55

点击🔲,执行"缩放"命令,可以得到如图 5-56 所示结果。

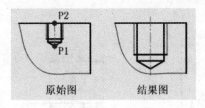

图　5-56

5.3.6　图形旋转

除了在"平移"命令中通过修改缺省参数旋转图形外,本软件还设计了一个专用"旋转"命令 ⟳ 。该命令有缺省参数(见图 5-57),主要用于控制图形的放大比例。

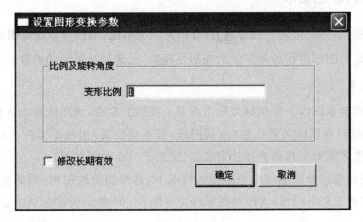

图　5-57

点击 ⟳ ,执行"旋转"命令,可以得到如图 5-58 所示结果。

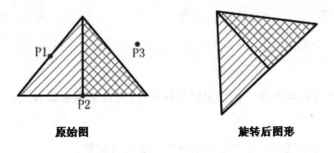

图　5-58

5.3.7　图形镜像对称

按用户指定的对称轴,将指定的图形镜像对称处理。该命令在机械制图中用得较多,常用于处理对称的图形。该命令有缺省参数。

点击 ⳾ ,执行"图形镜像对称"命令,可以得到如图 5-59 所示结果。

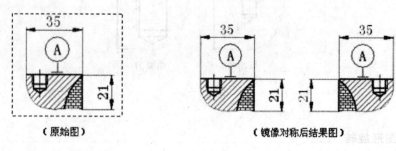

（原始图）　　　　　　　　（镜像对称后结果图）

图　5－59

5.3.8　拉伸(选定)图形

"拉伸"(某些软件叫"选定")命令 ▶ 具有很实用的功能,不仅可以选定图形,用于复制、剪切,也可以对选定的图形进行各种方便的变形及调整,尤其是对图形的调整非常实用。

1.图形的选定

(1)指点方式拾取图线。将鼠标光标指在某一图线上左击,该图线变为灰色显示(见图5－60 中的左图),同时,在图线关键位置(不同图线,有不同位置)出现小方框。如果在此之前已选定有图形,原选定图形会自动去掉选定状态(见图5－60 中的右图)。

如果需要在保留原拾取图线状态不变的情况下,另添加拾取图形,则需要先按下 Alt 键。在按住 Alt 键状态下左击图形,为添加图形选定。图5－61 所示为按住 Alt 键结果。

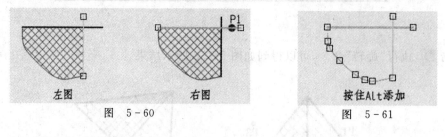

左图　　　　　　右图　　　　　　　　　　按住ALt添加

图　5－60　　　　　　　　　图　5－61

(2)鼠标拖动方式拾取图线。按住鼠标光标拖动,可以采用窗口方式选定图形。

2.图形的修改

点击 ▶,执行"选定"命令,可以得到如图5－62 所示结果。

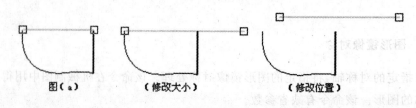

图（a）　　　　　　（修改大小）　　　　　　（修改位置）

图 5－39

5.3.9　特性数据、线型线色属性修改

特性数据是图线内部具有的原始参数,如尺寸公差等;图线属性主要包括线型、线色、线宽、所在图层等。处理特性、属性修改的命令有三个:特性修改、属性修改和格式刷新。

1.特性数据修改

特性数据是图线内部固有的、用于构造图线的原始基本参数,大雄软件基本保留了所有原始图线的特性数据,尤其是工程标注部分。通过修改构成图线的特性数据,可以对图线进行二次重构。

点击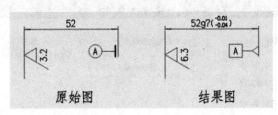,执行"特性数据修改"命令,选择图 5-63 所示左侧原始图后,会弹出如图 5-41 所示视窗,进行相应修改,执行"特性数据修改"命令,可以得到如图 5-63 所示结果。

图　5-63

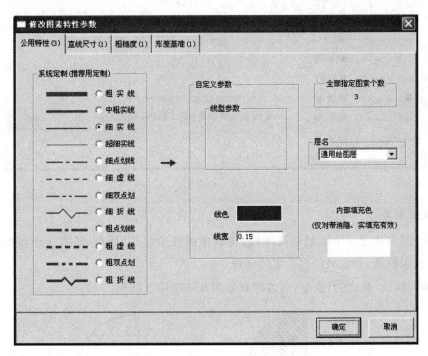

图　5-64

2.线型线色属性修改

用于修改图线的线色、线型、线宽、剖面线符号或常用图形底色、图线所在图层。

点击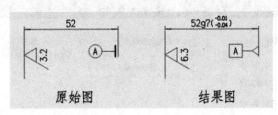,执行"属性修改"命令,选择图 5-65 所示左侧原始图后,会弹出如图 5-66 所示

视窗,进行相应修改,可以得到如图 5-65 所示结果。

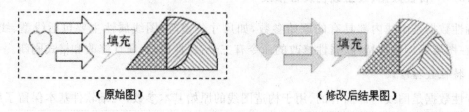

（原始图）　　　　　　　（修改后结果图）

图　5-65

"属性设置对话框"中空白的参数项,表示指定的图线在这些参数上有不同的值,如果不需要修改,则不要填充任何值。设置合适参数后确定退出。

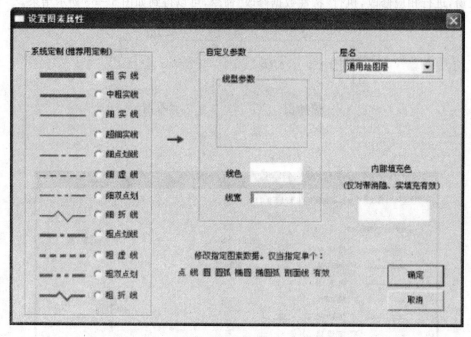

图　5-66

3. 格式刷新命令

主要功能:先指定一个原始基准图线,将基准图线的线色、线型、线宽及图线特性参数取出,作为模板来刷新、修改另外再指定的图线。

点击 ,执行"格式刷"命令,可以得到如图 5-67 所示结果。

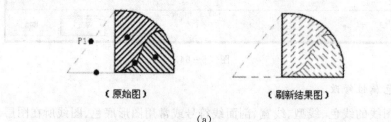

（原始图）　　　　　　　（刷新结果图）

(a)

图　5-67

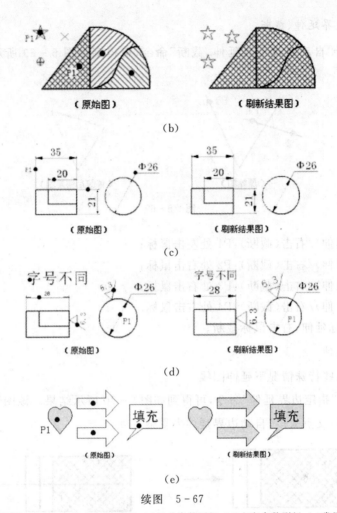

续图　5－67

(a)线型、线色、线宽刷新;(b)点图线、剖面线刷新;(c)尺寸参数刷新;(d)文字参数刷新;(e)常用图形内部底色刷新

5.3.10　边界延伸、截断

以某图线为边界,将指定图线端点延伸或截断到边界图线上。该功能是绘图中使用频率非常高的功能之一,也是很好用的功能之一,由延伸及截断两功能组合而成。

左击:延伸端点。适用于直线、圆弧、样条、椭圆弧。

右击:截断图线。适用于直线、圆、圆弧、样条、椭圆、椭圆弧。

该菜单有三个子菜单(见图 5－68),主要使用的是第一项,即自动边界延伸、截断。在第一项功能中,用户无须指定边界,软件会自动查找合适边界。第二、第三项功能要求用户指定边界,只有指定的图线才能作为延伸或截断的边界。

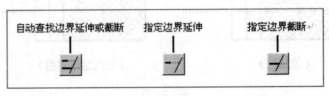

图　5－68

1. 自动查找边界延伸、截断

点击 , 执行"自动查找边界延伸、截断"命令, 可得到如图 5 – 69 所示结果, 具体步骤如下。

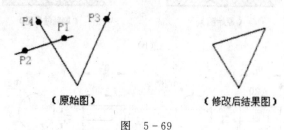

（原始图）　　　　　　　（修改后结果图）

图　5 – 69

提示:左击(延伸)/右击(截断):P1 处左击鼠标;
提示:左击(延伸)/右击(截断):P2 处右击鼠标;
提示:左击(延伸)/右击(截断):P3 处右击鼠标;
提示:左击(延伸)/右击(截断):P4 处右击鼠标。
注意:左击鼠标延伸,右击鼠标截断。

2. 指定边界延伸

它主要用于某些特殊情况下延伸图线。

点击 , 执行"指定边界延伸"命令, 可得到如图 5 – 70 所示结果。该图形最大特点:原始图线到延伸点之间,交点太多,自动边界延伸太复杂。

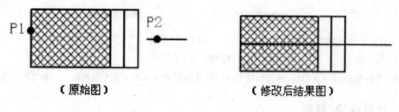

（原始图）　　　　　　　（修改后结果图）

图　5 – 70

3. 指定边界截断

它主要用于某些特殊情况下截断图线。

点击 , 执行"指定边界截断"命令, 可得到如图 5 – 71 所示结果。该图形最大特点:原始图线到截断点之间,交点太多,自动边界截断太复杂。

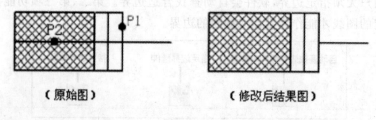

（原始图）　　　　　　　（修改后结果图）

图　5 – 71

5.3.11　打断、切割

用一点或两点,将图线一分为二或切割去掉一部分。该命令有三个子菜单,如图 5－72 所示。

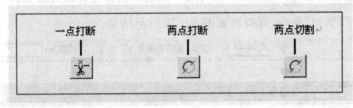

图　5－72

1. 一点打断

点击 ✂,执行"一点打断"命令,可得到如图 5－73 所示结果。

（原始图）　　　　修改后结果图(a)　　　　修改后结果图(b)

图　5－73

2. 两点打断

点击 ⟳,执行"两点打断"命令,可得到如图 5－74 所示结果。

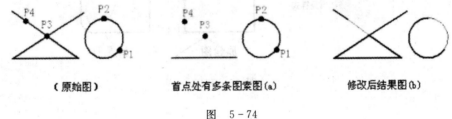

（原始图）　　　首点处有多条图素图(a)　　　　修改后结果图(b)

图　5－74

3. 两点切割

两点切割与两点打断主要差别是:打断图线只将图线分段;而切割除将图线分段外,还要将 P1,P2 段图线删除(见图 5－75)。

（原始图）　　　　打断、修改线宽后显示　　　　切割后结果

图　5－75

5.3.12 倒圆

倒圆命令 ⌐ 是一般 CAD 软件常用命令。

该命令含有缺省参数 ⍦（见图 5-76），用于控制倒圆半径和取舍圆弧模式。

点击 ⌐ ，执行"倒圆"命令，可得到如图 5-77 所示结果。

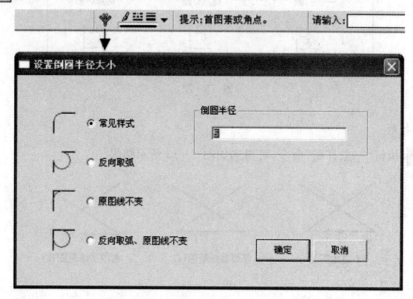

图 5-76

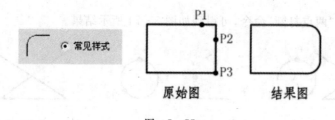

图 5-77

5.3.13 倒角

"倒角图形"是绘制图形中常见的一类图形。为了方便处理，该软件设计了 7 个子功能，如图 5-78 所示，专用于处理各种"倒角图形"。

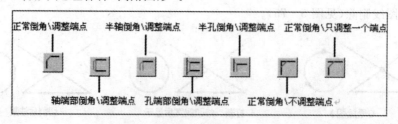

图 5-78

该命令含有缺省参数(见图 5-79),用于设置倒角大小。选用不同的方式执行"倒角"命令,可得到如图 5-80 所示结果。

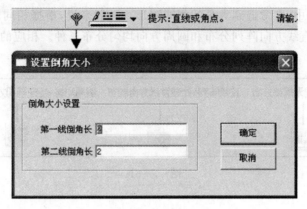

图　5-79

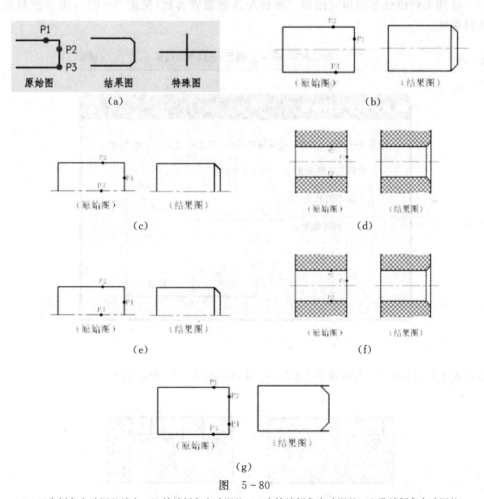

图　5-80

(a)正常倒角自动调整端点;(b)轴端倒角自动调整;(c)半轴端倒角自动调整;(d)孔端倒角自动调整;
(e)半孔端倒角自动调整;(f)正常倒角不调整端点;(g)正常倒角只调整一个端点

5.3.14　相同图形的简便绘制

在绘制图形过程中,常常遇到大量的相同图形。一般来说,根据相同图形的分布情况,可以分为无规律分布、直线方向阵列分布和圆周方向均匀分布三种。相应的处理命令也有三个,如图 5-81 所示。

图　5-81

1.直接拷贝图形

用于处理无规律分布的相同图形。该命令含有缺省参数(见图 5-82),用于控制放大比例和旋转角度。

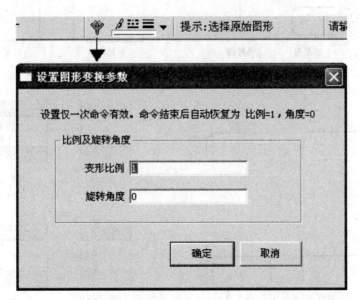

图　5-82

点击 ▣[左 2],执行"直接持贝"命令,可得到如图 5-83 所示结果。

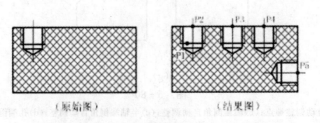

(原始图)　　　　　　(结果图)

图　5-83

2.直线阵列均布

用于处理沿直线方向均匀分布的相同图形。该命令含有缺省参数(见图 5 - 84),主要用于控制均匀分布处理时,图线相互间间距、分布个数。

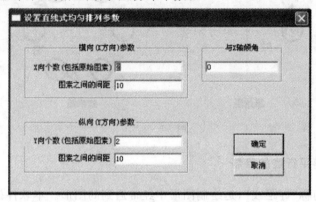

图　5 - 84

点击 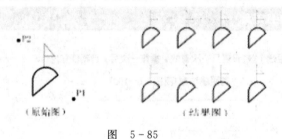,执行"直线阵列均布"命令,可得到如图 5 - 85 所示结果。

(原始图)　　　　　　　　(结果图)

图　5 - 85

3.圆周方向均匀分布

用于处理沿圆周方向均匀分布的相同图形。该命令含有缺省参数(见图 5 - 86),主要用于控制均匀分布处理时,图线相互间间距、分布个数。

图　5 - 86

点击 ，执行"圆周方向均匀分布"命令，可得到如图 5 - 87 所示结果。

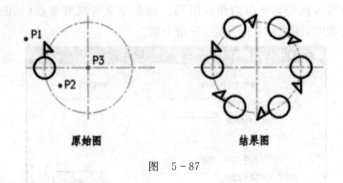

原始图　　　　　　　　　　　　　结果图

图　5 - 87

5.3.15　等距离平行线的绘制

等距离平行线简称"等距"，是绘制图形中经常遇到的图形。本软件提供的等距线功能，用于完成直线、圆、圆弧、椭圆、椭圆弧、样条曲线的等距线绘制。该命令有缺省参数（见图 5 - 88），用于控制等距线的等距距离。

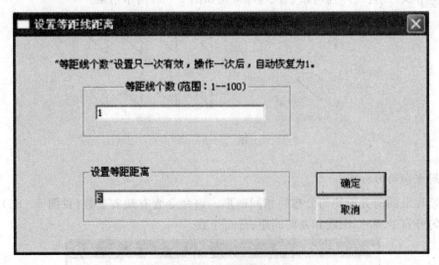

图 5 - 88　等距线的缺省参数

1. 单根图线等距线

对直线、圆、圆弧、样条曲线来说，如果图线首尾不与任何其他的直线、圆、圆弧样条曲线相连，则两条首尾不连的图线，必须分别作等距线。

点击 ，执行"等距线"命令，可得到如图 5 - 89 所示结果。

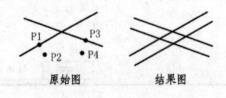

原始图　　　　　　　结果图

图　5 - 89

2. 多根首尾相连图线等距线

图 5－90 中左侧的图线由直线、圆弧、样条曲线首尾相连构成。大雄软件支持多根首尾相连图线等距线，但应注意：指定图线时，要按连接关系顺序指定（没有正反之分），否则会提示出错。

点击 ，执行"等距线"命令，可得到如图 5－90 所示结果。

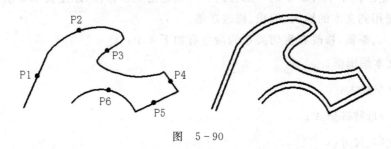

图　5－90

3. 多根首尾相连且封闭图线等距线

图 5－68 中左侧的图线由直线、圆弧、样条曲线首尾相连且封闭构成。大雄软件支持多根首尾相连图线且封闭等距线，但应注意：指定图线时，要按连接关系顺序指定（没有正反之分），否则会提示出错。

点击 ，执行"等距线"命令，可得到如图 5－91 所示结果。

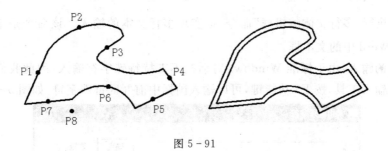

图 5－91

4. 椭圆、椭圆弧等距线

椭圆及椭圆弧的等距线较特殊，是根据椭圆的长、短轴等距离放大或缩小来处理的。椭圆、椭圆弧等距线，只支持单线等距线，不能处理首尾相连的情况。

点击 ，执行"等距线"命令，可得到如图 5－92 所示结果。

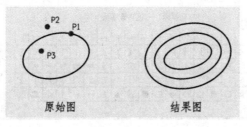

图　5－92

5.4 文本输入、编辑、修改

5.4.1 文本概述

"文字串"是绘图中不可缺少的一部分内容。无论是工程标注,还是技术要求、填写明细表等,都需要大量用到文本的输入、编辑、修改功能。

与文字输入、编辑、修改有密切关系的命令有如下 4 个:

T 多行文本编辑框;

AB 单行文字输入;

分子、分母特殊形式;

A 统一文字、尺寸。

一张机械图纸或电气图中的所有文本,均是由两种方式产生的:第一种是采用上述 3 个文本输入命令输入的;第二种是在各种工程标注中自动产生的,如粗糙度值、尺寸标注中数据、公差配合等。

5.4.1 文本的输入

1. 多行文体输入

点击 **T**,执行"多行文体编辑框"命令,可实现多行文本的输入。该命令是主要的文本输入命令,类似 Word 中的文本框。

特殊字符的输入:由于标准 Windows 对话框不支持特殊字符输入,因此我们专门添加了一个特殊字符输入工具,按 F5 功能键,可以输入国标中前九区特殊字符,如图 5-93 所示。

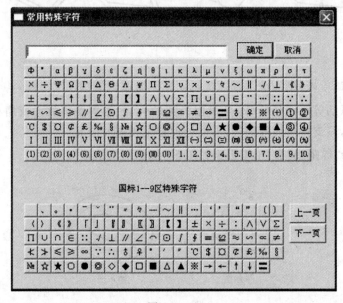

图 5-93

2. 单行文字串便捷输入

在机械制图中,存在大量的单行、只有一种字体、字号的文字串,如剖视图中"A""A — A"等,对这些字符,完全可以用多行、带格式文本编辑框输入,但太复杂、效率低下。而单行、简单文字串输入命令 AB [左1],就是为方便、快速输入这些字符设计的。该命令是"文本输入"下的一个子功能。

3. 单行分式文本输入

机械制图中,用于放大图形所标注的字符,具有分子、分母的形式。为了方便、准确处理该类文字标注,设计了专用命令。该功能是"文本输入命令"下的一个子功能。

点击 ⅓ [左1],执行""命令,会弹出一个对话框,如图 5-94 所示,要求输入文字串。输入结束,确定退出。

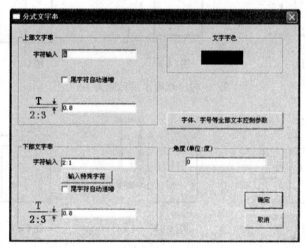

图 5-94

5.4.2　文本的修改

已输入到图形中的"文字串",如果不合适,我们可以通过下述两个命令进行修改处理。

第一用"多行文本编辑框" T 命令,可以对屏幕上的任何文字进行直接编辑修改。

第二用"统一文字、尺寸变量" ⅄A 命令,批量修改文本、数字的字体、字号、斜体等文字变量及尺寸箭头大小类型等变量。

1. 修改文本、尺寸、公差、粗糙度等数字

点击 T [左1],执行"多行文本编辑框"命令,可得到如图 5-94～图 5-99 所示结果。

图 5-95　文字串修改(用文本输入命令输入的文字串)

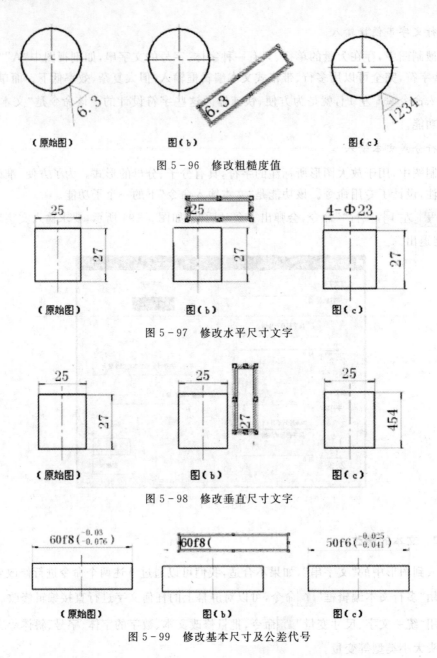

图 5-96　修改粗糙度值

图 5-97　修改水平尺寸文字

图 5-98　修改垂直尺寸文字

图 5-99　修改基本尺寸及公差代号

基本尺寸或公差代号被修改后,软件会自动根据新值重查表,将偏差修改正确。

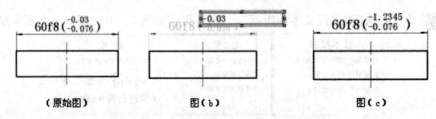

图 5-100　手工修改尺寸公差中的偏差值

2.批量统一修改字体、字号等文字变量

在机械设计中,由于各种原因,尤其是人数多、图量大的工程设计,经常出现的一个问题是图纸标准不统一。除线型参数外,文字参数及尺寸参数不统一的情况也经常遇到。如何方便、快速地处理统一问题?

点击 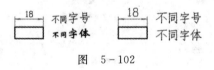,执行"统一文字、尺寸"命令,首先进行图线、文字拾取,拾取结束,右击鼠标,会弹出如图 5 - 101 所示的视窗,可进行统一修改。图 5 - 102 所示为一个实例修改效果图。

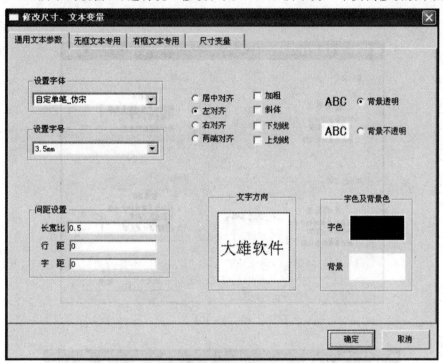

图　5 - 101

图　5 - 102

5.5　尺寸标注

5.5.1　概述

标注各种样式的尺寸,是机械制图中必不可少的内容。尺寸标注的类型可分为:①水平及垂直直线尺寸的标注;②平齐直线尺寸的标注;③圆尺寸的标注;④圆弧尺寸的标注;⑤角度尺寸的标注;⑥倒角尺寸的标注;⑦引出尺寸的标注;⑧坐标尺寸。

和尺寸标注有关的所有参数控制变量设置,只与两个图标菜单有关(见图 5 - 103),分别点击这两个图标菜单。

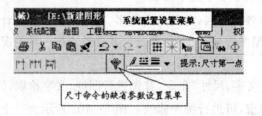

图　5-103

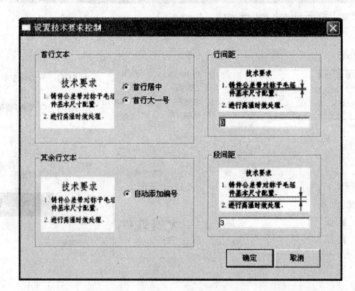

图　5-104

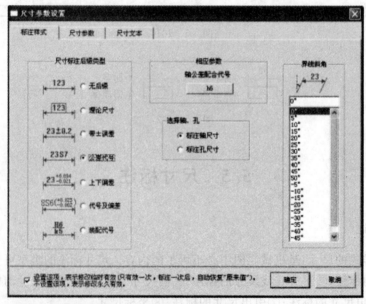

尺寸命令缺省参数

图　5-105

图 5-104 所示的尺寸命令缺省参数的弹出视窗,用于控制尺寸数字的后缀问题。缺省参数菜单,其内容是和具体命令紧密相连的,尽管所有命令的缺省菜单"图标"及"图标位置"完全一样,但视窗内容不一样。直线尺寸、圆尺寸、圆弧尺寸(见图 5-105)完全一样,其他尺寸有所差别。

5.5.2　直线尺寸标注

直线类尺寸,包括水平尺寸、垂直尺寸和平齐尺寸三类。其中,水平尺寸与垂直尺寸的标注组合在一个命令中,而平齐尺寸的标注则用另外的命令。

1.水平尺寸及垂直尺寸的标注

点击 ⬚,执行"水平尺寸及垂直尺寸的标注"命令,可得如图 5-106 所示结果。

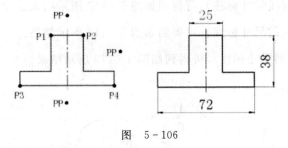

图　5-106

数据点最好用鼠标输入,"点捕获" ⊞ 工具必须打开。而尺寸数字并没要求输入,软件会自动将测量长度值放入屏幕上部的编辑框中,如图 5-107 所示。

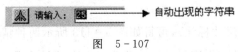

图　5-107

特殊字符 Φ,± 等,可以通过按 F5 键,从弹出的视窗中查出获取(见图 5-93)。

2.公差配合、理论尺寸等后缀处理

在"尺寸标注"命令的执行过程中,可点击尺寸缺省参数设置图标菜单 ⚘,在弹出中视窗(见图 5-105)中,可设置如图 5-106 所示的各种尺寸标注类型。

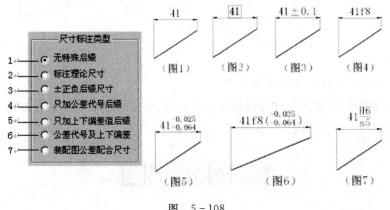

图　5-108

要修改、重选择公差配合代号,请点击图 5 - 105 中"相应参数"下的按纽。DXCAD 软件提供国标规定的常用、优先系列公差代号列表。对于非"常用""优先"公差代号,需要用户键盘输入,对不存在的公差配合代号,在自动查表时会提示出错。

3. 水平、垂直直线尺寸标注全部子功能图例简介

DXCAD 软件设计了多种方式标注水平或垂直直线尺寸。共有 5 个子功能,如图 5 - 109 中方框里的 5 个图标所示,其中有些功能既可以标注水平、垂直尺寸,也可以标注平齐尺寸。

图 5 - 109

(1)用 ⊞(基本的直线尺寸标注),可得到如图 5 - 110 所示结果。

(2)用 ⊞(指定图线的尺寸标注),可得到如图 5 - 111 所示结果。

(3)用 ⊞(对称、半剖尺寸标注),可得到如图 5 - 112 所示结果。

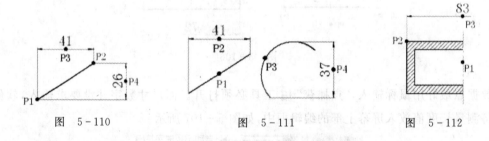

图 5 - 110   图 5 - 111   图 5 - 112

(4)用 ⊞(链式平齐的尺寸标注),可得如图 5 - 113 所示两种情况的结果。

(a)为从零开始,标注链式平齐尺寸,(b)为和已存在的尺寸平齐,标注链式尺寸。

(5)用 ⊞(基准方式的尺寸标注),可得如图 5 - 114 所示结果。

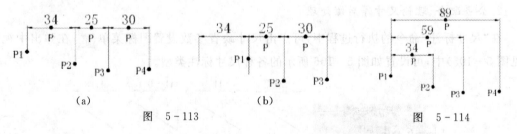

(a)   (b)

图 5 - 113   图 5 - 114

4. 平齐直线尺寸标注全部子功能简介

标注平齐直线尺寸,就是尺寸界线的定位点连线,与尺寸线平齐。平齐直线尺寸的标注在操作上,基本和水平、垂直直线尺寸的标注一样。图 5 - 115 中方框里的 5 个图标为其子功能菜单。

图 5 - 115

［工程标注］［直线尺寸］指定点平齐 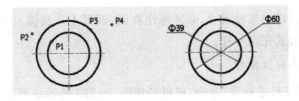 ，图 5－116 中的 5 个图例，说明了 5 个子功能的效果。图中，小黑点是鼠标输入点。

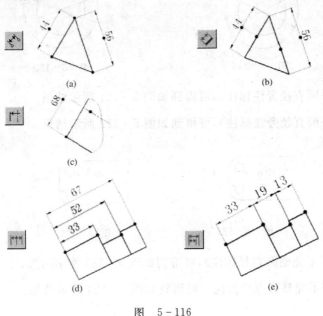

图　5－116

5.5.3　圆尺寸标注

在圆、圆弧上，标注圆的直径尺寸。如果圆柱投影为直线，也可以标注在投影直线上。圆尺寸的公差配合等后缀，和直线尺寸标注处理方工完全一样。

1. 圆尺寸的基本标注操作

点击 ⌀［左 3］，执行"圆尺寸标注"命令，可得如图 5－117 所示结果。

图　5－117

2. 圆尺寸全部子功能图例简介

圆尺寸命令由 6 项子功能组成，如图 5－118 所示。

（1）用 ⌀（水平数字圆直径标注），可得到如图 5－119 所示结果。

图　5－118

（2）用 ⌀（平齐圆直径标注），可得到如图 5－120 所示结果。

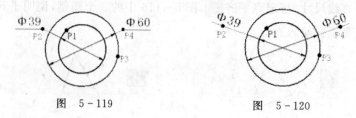

图 5-119　　　　　　　　　图 5-120

（3）用 ⚹（水平圆直径旁注标注），可得到如图 5-121 所示结果。

（4）用 ⚹（平齐圆直径旁注标注），可得到如图 5-122 所示结果。

图 5-121　　　　　　　　　图 5-122

（5）用 ⚹（水平不完整圆直径标注），可得到如图 5-123 所示结果。

（6）用 ⚹（平齐不完整圆直径标注），可得到如图 5-124 所示结果。

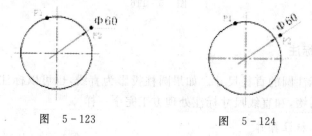

图 5-123　　　　　　　　　图 5-124

5.5.4　圆弧尺寸标注

在圆、圆弧上，标注圆的半径尺寸，必须标注在圆、圆弧上。圆弧尺寸的公差配合等后缀，和直线尺寸标注处理方式完全一样。

1.圆弧尺寸的基本标注操作

点击 ⚹，执行"圆弧尺寸标注"命令，可得到如图 5-125 所示结果。

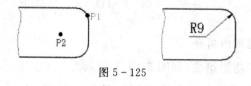

图 5-125

2.圆弧尺寸全部子功能图例简介

圆弧尺寸命令由 4 项子功能组成，如图 5-126 所示。

图 5-126

(1)用 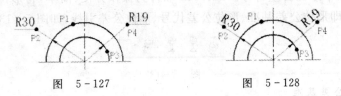 (水平数字圆弧尺寸),可得到如图 5 – 127 所示结果。

(2)用 （平齐圆弧尺寸),可得到如图 5 – 128 所示结果。

图　5 – 127　　　　　　　　图　5 – 128

(3)用 （水平圆弧旁注尺寸),可得到如图 5 – 129 所示结果。

(4)用 （平齐圆弧旁注尺寸),可得到如图 5 – 130 所示结果。

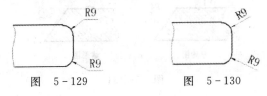

图　5 – 129　　　　　　　　图　5 – 130

5.5.5　角度尺寸标注

在图纸上标注角度尺寸。为满足各种角度标注情况,角度标注设计有三个子功能,如图 5 – 131 所示。

图　5 – 131

角度尺寸的基本标注操作如下:

点击 ,执行"角度尺寸标注"命令,可得到如图 5 – 132 所示结果。

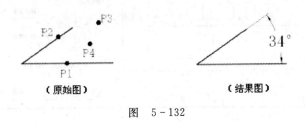

（原始图）　　　　　　　　　（结果图）

图　5 – 132

5.6　其余工程标注

5.6.1　标注粗糙度符号

点击 ,执行"标注粗糙度符号"命令,具体过程和图例请参看 4.3.3 节。

5.6.2 标注形位公差

标注机械制图中形位公差符号。DXCAD 软件为操作方便、简单,将形位公差的标注分成了三部分子功能,即形位公差基准、形位公差代号、形位公差引线,如图 5-133 所示。

图 5-133

1. 标注形位公差基准

点击形位公差基准 ,执行"标注形位公差基准"命令,可得到如图 5-134 所示结果。

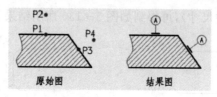

图 5-134

2. 标注形位公差代号

点击 ,执行"标注形位公差代号"命令,会弹出参数设置视窗,如图 5-135 所示,将参数设置妥善后确定退出,可得到图 5-136 所示结果。

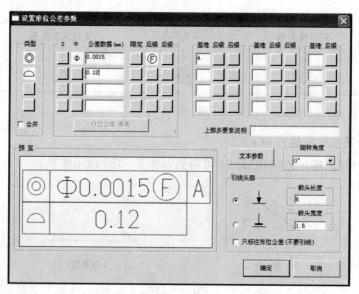

图 5-135

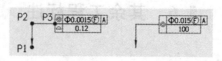

图 5-136

3. 标注形位公差引线

点击 ,执行"标注形位公差引线"命令,可得到如图 5-137 所示结果。

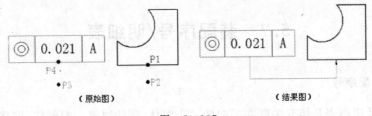

（原始图）　　　　　　　（结果图）

图　5-137

5.6.3　标注剖切平面、箭头及相关文字

点击 ⌐⌐，执行"标注剖切符号"命令，可得到如图 5-138 所示结果。

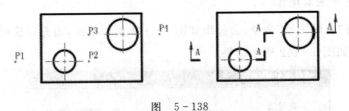

图　5-138

5.6.4　引出编号

点击 ⚐，执行"引出编号"命令，可得到如图 5-139 所示结果。

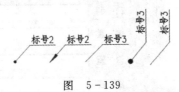

图　5-139

"引出编号"头部样式、箭头大小及文本变量，由缺省参数 🌳 控制，如图 5-140 所示。

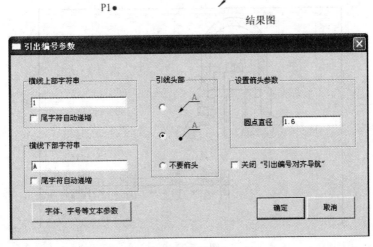

图　5-140

5.7 装配序号/明细表

5.7.1 装配序号

装配序号及明细表是相互关联在一起的一个整体,删除时将一起删除,但移动、拉伸命令,只会修改装配序号的大小位置,明细表不变。另外,明细表自动和标题栏连接在一起,如果当前图形无标题栏或标题栏处于不显示状态,则明细表也不会显示出来,但内部存在。一旦图纸标题栏显示,明细表会自动跟着显示,位置自动确定好。

1. 标注装配序号基本操作

点击 ![按钮],执行"装配序号"命令,会弹出如图 5-141 所示视窗,填充完成确定后,再继续执行该命令,可得到如图 5-142 所示结果。

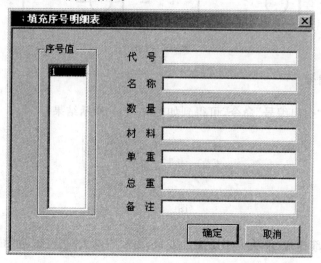

图 5-141 弹出的空白明细表对话框

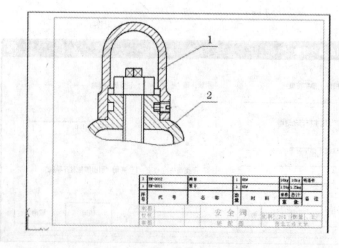

图 5-142

2.各种装配序号控制

装配序号的各种控制,是由"缺省参数"设置菜单完成的。点击"缺省参数"菜单 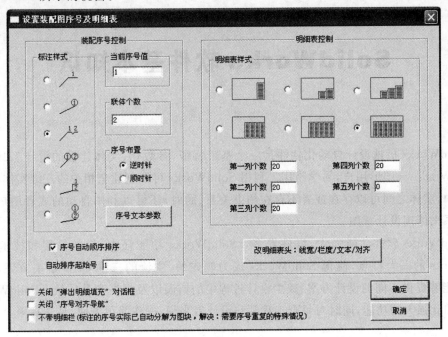 ,会弹出如图 5-143 所示的视窗。

图　5-143

第6章

SolidWorks 软件基本知识

SolidWorks 机械设计自动化软件是一个基于特征、参数化、实体建模的设计工具。该软件采用 Windows 图形用户,易学易用。利用 SolidWorks 可以创建全相关的三维实体模型,设计过程中,实体之间可以存在或者不存在约束关系;同时,还可以利用自动的或者用户定义的约束关系来体现设计意图。

SolidWorks 软件功能强大,组件繁多。SolidWorks 功能强大、易学易用和技术创新是 SolidWorks 的三大特点,使得 SolidWorks 成为领先的、主流的三维 CAD 解决方案。SolidWorks 能够提供不同的设计方案、减少设计过程中的错误以及提高产品质量。SolidWorks 不仅提供如此强大的功能,同时对每个工程师和设计者来说,操作简单方便、易学易用。

6.1　SolidWorks 软件用户界面

SolidWorks 应用程序包括多种用户界面工具和功能,帮助您高效率地生成和编辑模型,包括 Windows 功能、SolidWorks 文档窗口、功能选择和反馈等。

6.1.1　Windows 功能性

SolidWorks 应用程序包括用户熟悉的 Windows 功能,例如拖动窗口和调整窗口大小。在 SolidWorks 应用程序当中,采用了许多相同的图标,例如打印、打开、保存、剪切和粘贴等。

6.1.2　SolidWorks 文档窗口

SolidWorks 文档窗口有两个窗格。右侧窗格为图形区域,此窗格用于生成和处理零件、装配体或工程图。左窗格是管理器窗格,包括 FeatureManager 设计树、PropertyManager、ConfigurationManager 和 DisplayManager,如图 6-1 所示。

1. FeatureManager 设计树

FeatureManager 设计树显示零件、装配体或工程图的结构。例如,从 FeatureManager 设计树中选择一个项目,以便编辑基础草图、编辑特征、压缩和解除压缩特征或零部件,如图 6-2 所示。

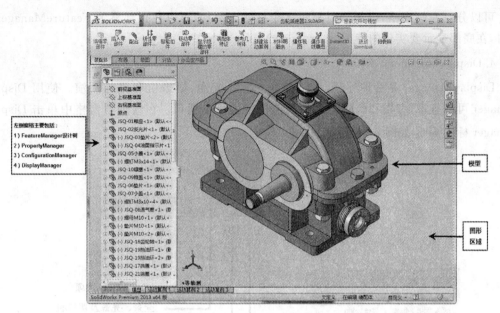

图 6 - 1　SolidWorks 文档窗口

2. PropertyManager

PropertyManager 为草图、圆角特征、装配体配合等诸多功能提供设置，如图 6 - 3 所示。

图 6 - 2　FeatureManager 设计树

图 6 - 3　PropertyManager

3. ConfigurationManager

ConfigurationManager 能够在文档中生成、选择和查看零件和装配体的多种配置。配置是单个文档内的零件或装配体的变体，如图 6 - 4 所示。例如，可以使用螺栓的配置指定不同的长度和直径。

可以分割左侧窗格,以便同时显示多个标签。例如,可以在顶部显示 FeatureManager 设计树,在底部显示要实现的特征的 PropertyManager 标签。

4. DisplayManager

DisplayManager 是管理外观、移画印花、全景、光源、摄影机和排练预演。使用 Display-Manager 可以查看、编辑和删除套用到目前模型的显示项目。在管理器窗格中单击 Display-Manager 标签,如图 6-5 所示。

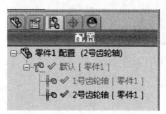

图 6-4　ConfigurationManager

图　6-5

6.1.3　功能操作选择

SolidWorks 应用程序允许使用不同方法执行任务。当执行某项任务时,例如绘制实体的草图或应用特征,SolidWorks 应用程序还会提供反馈。反馈的示例包括指针、推理线、预览等。

1. 菜单

可以通过菜单访问所有 SolidWorks 命令。SolidWorks 菜单使用 Windows 惯例,包括子菜单、指示项目是否激活的复选标记等,还可以通过单击鼠标右键使用上下文相关快捷菜单。如图 6-6 所示。

2. 工具栏

可以通过工具栏访问 SolidWorks 功能。工具栏按功能进行组织,例如草图工具栏或装配体工具栏。每个工具栏由代表特定工具的各个图标组成,例如旋转视图、回转阵列和圆等。

可以显示或隐藏工具栏、将它们停放在 SolidWorks 窗口的四个边界上,或者使它们浮动在屏幕上的任意区域。SolidWorks 软件可以记忆各个会话中的工具栏状态。也可以添加或删除工具以自定义工具栏。将鼠标指针悬停在每个图标上方时会显示工具提示,如图 6-7 所示。

3. CommandManager

CommandManager 是一个上下文相关工具栏,它可以根据处于激活状态的文件类型进行动态更新。

当单击位于 CommandManager 下面的选项卡时,它将更新已显示相关工具。对于每种文件类型,如零件、装配体或工程图,均为其任务定义了不同的选项卡。与工具栏类似,选项卡的内容是可以自定义的。例如,如果单击特征选项卡,会显示与特征相关的工具。也可以添加或删除工具以自定义 CommandManager。将鼠标指针悬停在每个图标上方时会显示工具提示,如图 6-8 所示。

4．快捷栏

通过可自定义的快捷栏,可以为零件、装配体、工程图和草图模式创建自己的几组命令。要访问快捷栏,可以按用户定义的键盘快捷键,默认情况下是 S 键。

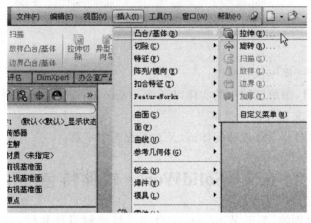

图　6-6

图　6-7

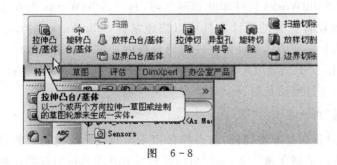

图　6-8

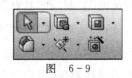

图　6-9

5．关联工具栏

在图形区域中或在 FeatureManager 设计树中选择项目时,关联工具栏出现。通过它们可以访问在这种情况下经常执行的操作。关联工具栏可用于零件、装配体及草图,如图 6-10 所示。

图 6-10

6.鼠标按键

可以使用以下方法操作鼠标按键：

左：选择菜单项目、图形区域中的实体以及 FeatureManager 设计树中的对象。

右(R)：显示上下文相关快捷菜单。

中：旋转、平移和缩放零件或装配体，以及在工程图中平移。

6.2 SolidWorks 软件特色

SolidWorks 是原创的、基于 Windows 平台的三维机械设计软件，是 Windows 原创软件的典型代表。它总结和继承了大型机械 CAD 软件的特点，是在 Windows 环境下实现的第一个三维机械 CAD 软件。SolidWorks 一贯倡导三维 CAD 软件的易用性、高效性和功能强大。从 SolidWorks 第一个商品化版本问世到现在的 SolidWorks 2004，其发展过程无不体现了对这 3 个方面的改进和增强。下面介绍 SolidWorks 软件的特点。

1. 全 Windows 界面，操作非常简单方便

SolidWorks 是在 Windows 环境下开发的，能够充分利用 Windows 的优秀界面，为设计人员提供简易方便的工作界面；利用 Windows 的资源管理器或 SolidWorksExplorer 可以直观、方便地管理 SolidWorks 文件；SolidWorks 软件非常容易学习，利用 SolidWorks 的在线帮助系统和快速提示，没有任何三维设计经验的设计人员可以快速掌握 SolidWorks 的设计方法；"跨越 AutoCAD"在线帮助，为长期使用二维设计软件的用户提供了快速通往三维设计的通道；SolidWorks 采用内核本地化，全中文应用界面；SolidWorks 全面采用 Windows 的技术，支持特征的"复制"和"粘贴"操作；支持拖动复制、移动技术。

2. 清晰、直观、整齐的"全动感"用户界面

"全动感"的用户界面使设计过程变得非常轻松：动态控标用不同的颜色及说明提醒设计者目前的操作对象，可以使设计者清楚现在做什么；标注可以使设计者在图形区域就给定特征的有关参数；鼠标确认以及丰富的快捷菜单使得设计零件非常容易；建立特征时，无论鼠标在什么位置，都可以快速确定特征建立。所有的菜单、工具栏都可以依据用户的习惯进行定制。利用命令管理器和弹出的工具栏，用户可以最大可能地减少工具栏在屏幕中的放置排列数量，从而增加图形的可视区域；命令管理器中的工具按钮可以根据用户的使用频率自动调整。图

形区域动态的预览,使得在设计过程中就可以审视设计的合理性。首创的特征管理员能够将设计过程记录下来,并形成特征管理树——FeatureManager 设计树;利用 FeatureManager 设计树,设计人员可以更好地通过管理和修改特征来控制零件、装配和工程图。强大、动态激活的 PropertyManager(属性管理器),提供了非常方便的查看和修改属性操作。利用 Property-Manager,最大程度地减少了图形区域的对话框,使设计界面简洁、明快。当 PropertyManager 被激活时,系统自动在图形区域以透明显示的形式弹出 FeatureManager 设计树,使得用户在操作过程中选择目标更加方便。利用 ConfigerationManager(配置管理器)很容易建立和修改零件或装配的不同形态,从而大大提高了设计效率。

3.灵活的草图绘制和检查功能

草图绘制状态和特征定义状态有明显的区分标志,设计者可以很容易地清楚自己的操作状态。草图绘制更加容易,可以快速适应并掌握 SolidWorks 灵活的绘图方式:单击-单击式或单击-拖动式。单击-单击式的绘制方式非常接近 AutoCAD 软件。绘制草图过程中的动态反馈和推理可以自动添加几何约束,使得绘图时非常清楚和简单;草图中采用不同的颜色显示草图的不同状态。拖动草图的图元,可以快速改变草图形状甚至是几何关系或尺寸值;可以绘制用于管道设计或扫描特征的 3D 草图;可以检查草图的合理性。

4.强大的特征建立能力和零件与装配的控制功能

强大的基于特征的实体建模功能,通过拉伸、旋转、薄壁特征、高级抽壳、特征阵列以及打孔等操作来实现零件的设计。SolidWorks 可以对特征和草图进行动态修改,通过拖放操作进行设计修改,几乎可以做到随心所欲。SolidWorks 具有功能齐备和全相关的钣金设计能力,利用钣金特征可以直接设计钣金零件,对钣金的正交切除、角处理以及边线切口等处理非常容易。SolidWorks 提供了大量的钣金成形工具,采用简单的拖动技术就可以建立钣金零件中的常用形状。利用 FeaturePalette 窗口(特征调色板窗口),只需简单地拖动特征到零件中就可以快速建立特征;管理和使用库特征非常方便。在零件或装配体的设计状态下,SolidWorks 可以对零件设置材质或表面贴图,使模型看起来更加逼真。利用"RealView"技术,并在硬件设备的支持下,可以达到真实的零件显示效果。SolidWorks 支持多实体零件设计方法,增强了零件建模的灵活性。增强的模具设计工具,使得利用 SolidWorks 进行模具设计更加方便和快捷。增强的焊接工具,使焊接零件的设计和建模更加快速。

利用零件和装配体的配置不仅可以利用现有的设计,建立企业的产品库,而且解决了系列产品的设计问题;配置的应用涉及零件、装配和工程图。可以利用 Excel 软件生成配置,从而自动地生成零件或装配体;用户也可以利用现有的配置自动生成系列零件设计表;系列零件设计表的双向驱动大大提高了零件和装配体配置操作的灵活性和快捷性。利用集成的 COS-MOSXpress 设计分析工具,用户可以进行初步的应力分析,以验证设计的合理性。使用装配体轻化和大型装配体模式,可以快速、高效地处理大型装配体,提高系统性能。按照同心、重合、距离、角度、相切等关系的丰富多样的装配约束;SolidWorks 还支持高级的配合关系,如齿轮啮合、凸轮配合等。动画式的装配和动态查看装配体运动。在装配中可以实现智能化装配,装配体操作非常简便、高效;可以进行动态装配干涉检查和间隙检测,以及静态干涉检查。在装配中可以利用现有的零件相对于某平面产生镜像,产生一个新零件或使用原有零件按镜像位置装配。利用物理模拟功能,用户可以模拟马达、弹簧或引力在装配体上的效果;物理模拟可以使用户录制零件的运动动画。用户可以保存不同的模型剖面,并可以随时显示保存的剖面视图;这使得设计阶段查看模型内部结构(尤其是装配体的内部结构)更加方便。

5.完整的、符合标准的详细工程图

利用"分离的工程图"(Detached Drawing)技术,可以将工程图与三维模型进行分离,也就是说打开工程图时可以脱离三维模型。对于大型装配体,使工程图轻化可以大大提高工程图的操作性能。可以为三维模型自动产生工程图,包括视图、尺寸和标注。灵活多样的视图操作,可以建立各种类型的投影视图、剖面视图和局部放大图。交替位置视图能够方便地显示装配体零部件不同的位置,在同一视图中生成装配的多种不同位置的视图,以便了解运动位置。

6.最大限度地利用已有数据进行设计,方便数据交换

可以通过标准数据格式与其他 CAD 软件进行数据交换。提供数据输入诊断功能,允许用户对输入的实体执行几何体简化、模型误差重设以及冗余拓扑移除。利用插件形式提供免费的数据接口,可以很方便地与其他三维 CAD 软件如 PRO/Engineer,UG,MDT,SolidEdges 等进行数据交换。DXF/DWG 文件转换向导可以将用户通过其他软件建立的工程图文件转化成 SolidWorks 的工程图文件,操作非常方便。在人工干预下,可以利用原有的二维设计数据转换为三维模型。可以将模型文件输出为标准的数据格式,将工程图文件输出为 DXF/DWG 格式。

7.支持工作组协同作业及二次开发功能

3DMeeting 是基于微软 NetMeeting 技术而开发的专门为 SolidWorks 设计人员提供的协同工作环境,利用 3DMeeting 可以通过 Internet 实时地协同工作。支持网络文件夹,用户可以将设计数据存放在网络文件夹中,和存放在本地硬盘一样方便。将工程图输出为 eDrawings 文件格式,可以非常方便地交流设计思想。

SolidWorks 提供了自由、开放、功能完整的 API 开发工具接口,用户可以根据实际情况利用 VC,VB,VBA 或其他 OLE 开发程序对 SolidWorks 进行二次开发。

6.3　SolidWorks 软件模板制定

要想用 SolidWorks 设计出符合中国国家标准的工程图,需要定制设计模板,包括零件模板、装配体模板、工程图模板。三种模板相互之间是有关联的,只有一组配套的模板共同使用,才能实现自动地填写标题栏与明细表。

GB 明细表的样式与内容如图 6-11 所示。

4	95 DD.1.5-03	导向套	1	镉镉深皆铜	0.47	0.47	
3	95 DD.1.5-02	压盖	1	普通煤钢	1.22	1.22	
2	95 DD.1.5-01	活塞杆	1	AISI 1020	1.83	1.83	
1	95 DD.1.5-06	缸筒	1	AISI 1020	2.10	2.1	
序号	代号	名称	数量	材料	单重	总重	备注

图　6-11

其中,序号、数量、总重在 SolidWorks 软件中都可以自动计算并填写,而代号、名称、材料、单重、备注几项属性是零件的一部分,是存储在模型中需要设计人员给定的。因此,要给零件和装配体制定模版,在模版中定义这些属性以便把这些属性存到其中,做到一劳永逸。

6.3.1　零件模板的定制

(1)新建零件。使用 SolidWorks 自带的零件模板,建立一个零件。

(2)打开文档属性,更改单位制与默认材料密度(见图 6-12)。

单位:自定义为毫米、公斤、秒。更改单位使之符合常规机械设计习惯。

材料属性:定义默认密度 7.85e kg/mm³(钢铁密度),目的是为了在没有指定材质时也能准确计算大多数零部件重量。

(3)通过文件-属性打开摘要信息填写属性,如图 6-13 所示。

(4)保存此文件到一个文件夹,取名"模板-零件",保存类型为 *.prtdot。

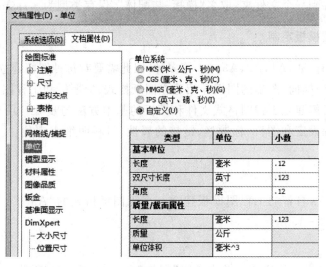

图　6-12

图　6-13

6.3.2　装配体模板的定制

(1)新建装配体。使用 SolidWorks 自带的装配体模板,建立一个装配体。

(2)打开文档属性,更改单位制。单位:自定义-毫米、公斤、秒。更改单位使之符合常规机械设计习惯。

图 6-14

（3）通过文件-属性打开摘要信息填写属性如图 6-14 所示。因为装配体是没有材料的，因此材料行用"按零件"指代，或者不写即可

（4）保存此文件到一个文件夹，取名"模板-装配体"，保存类型为 * . asmdot。

6.3.3 工程图模板定制

因为图纸幅面有 A0，A1，A2，A3，A4 等多种，因此需要对每种图幅建立模板，在下面的步骤中，通过建立"A3-横向"图幅的图纸介绍建立图纸格式、标题栏和工程图模板的方法。通过这个实例，读者将了解建立工程图格式文件和模板的基本方法与步骤。用户建立的图纸模板包括如下内容：图幅设定和图框、标题栏、链接的属性、材料明细表定位点和标注样式。

1. 新建工程图

使用 SolidWorks 自带的工程图模板建立一个无图纸格式的"A3-横向"工程图，如图 6-15 所示。

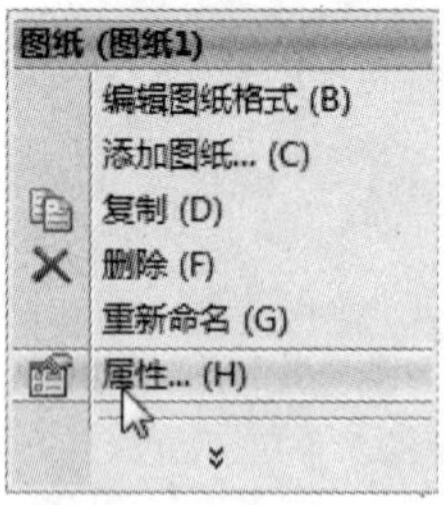

2. 图纸属性

在图纸中右击鼠标并从快捷菜单中选择【属性】命令，查看一下图纸的属性设置是否正确，若有误，可以重新设定图纸大小、投影类型等，如图 6-16 所示。

图 6-15

图 6-16

3.编辑图纸格式

在图纸中右击鼠标,从快捷菜单中选择【编辑图纸格式】命令,切换到编辑图纸格式状态下(见图 6-17)。

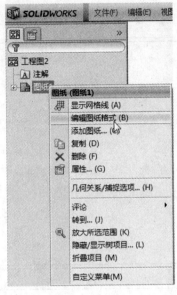

图　6-17

4.图纸边框

在图纸区域内,绘制两个矩形分别代表图纸的纸边界线和图框线,然后,通过几何关系和尺寸确定两个矩形的大小和位置:选择外侧矩形的左下角点,在 PropertyManager 的【参数】选项组中确定该点的坐标点位置(X=0,Y=0),之后给它"固定"的几何关系,使之与图纸的左下角重合(见图 6-18)。

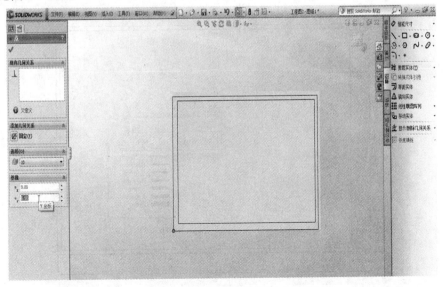

图　6-18

5. 标注尺寸

标注外面矩形的尺寸,同时标注里面矩形四边的等距距离,内矩形作为图纸的图框(见图 6-19)。

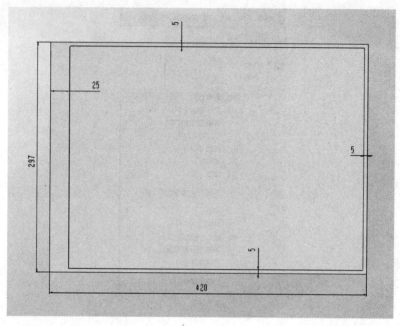

图 6-19

6. 设置线粗

选择内侧代表图框的矩形,从"线型"工具栏中定义四条直线的线粗为"0.5mm"或其他类型粗线(见图 6-20)。

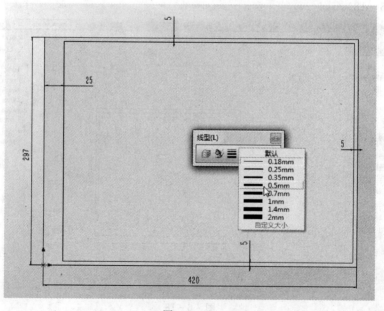

图 6-20

7. 隐藏尺寸

选择下拉菜单的【视图】→【隐藏/显示注解】命令,隐藏标注的图框尺寸(见图 6-21)。被选中的尺寸灰色显示,退出命令后自动隐藏。

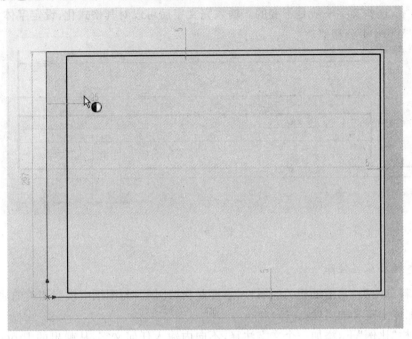

图　6-21

8. 对中符号和图幅分区

如果需要,可以查阅相关标准,通过绘制直线,添加注释,并利用几何关系、标注尺寸和隐藏尺寸,可以很容易地绘制对中符号与图幅分区(见图 6-22)。

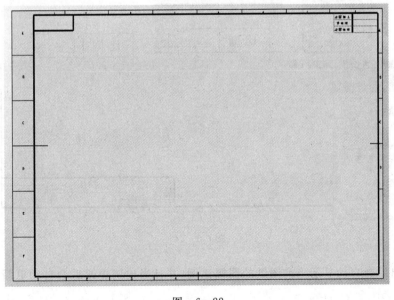

图　6-22

9.标题栏

按照要求绘制标题栏中相应的直线,并使用几何关系、尺寸确定直线的位置,绘制完成后隐藏尺寸(见图 6-23)。图中尺寸若看不清,请查阅机械制图标准。在标题栏相应的位置上添加注释文字,这些文字一般是不变的。输入完文字后可以对其格式化,设定字体、字号等,其设置方法与 Word 十分相似。

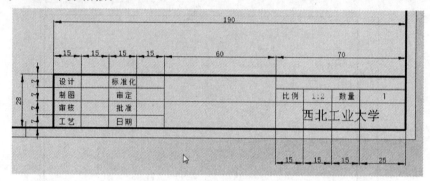

图 6-23

10.动态链接属性注释

这类注释分两类:与图纸相关的属性,主要是指"比例";与图纸中模型相关的属性,主要是指零件、装配体中定义的属性。

在标题栏"比例"下,添加一个文字注释,不向内输入任何文字,从弹出的 PropertyManager 中选择"链接到属性",从弹出的对话框中选择【当前文件】,并从下拉栏中选择【SW-图纸比例】(见图 6-24)。

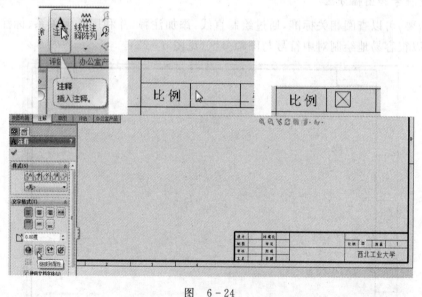

图 6-24

确定退出后会自动显示当前图纸的图幅比例,并且当比例更改后会自动更新,如图 6-25 所示。

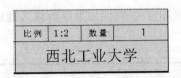

图　6 - 25

在"零部件名称"栏添加一个文字注释,不向内输入任何文字,从弹出的 PropertyManager
中选择"链接到属性"(见图 6 - 26),从弹出的对话框中,选择【图纸属性中所指定视图中模
型】,在下拉栏中输入在零件、装配体模板中定义的属性:名称。确定退出后自动显示为
"＄PRPSHEET:{名称}"(见图 6 - 27)。

其他的几个属性:代号、材料、重量,用同样的方法进行链接,效果如图 6 - 28 所示。

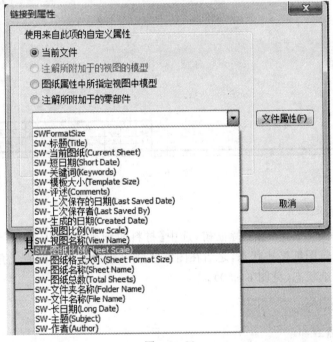

图　6 - 26

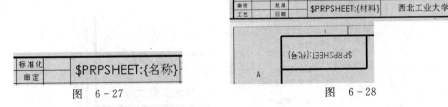

图　6 - 27　　　　　　　　　　　　　　图　6 - 28

输入自定义属性的注释文字时,三个自定义属性的名称必须和零件、装配体模板中定义的
属性名称完全一致,这样才能保证正确链接。

11.隐藏真实属性值

退出【编辑图纸格式】,在图纸中右击鼠标,从快捷菜单中选择【编辑图纸】命令。可以发现,属性链接的文字都消失了(见图 6-29)。如果以后插入此图纸中的模型含有这些属性,会自动显示出真实的属性值。

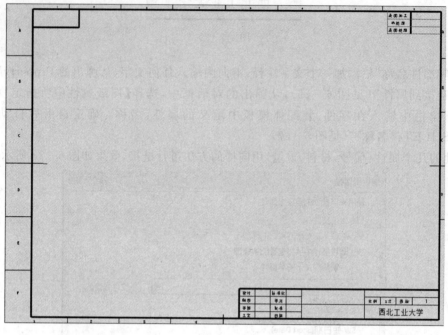

图　6-29

12. 材料明细表定位点

展开图纸的 FeatureManager 特征树,选中【材料明细表定位点 1】,右击选择【设定定位点】,会自动进入编辑图纸格式状态,之后在图纸区域中选择标题栏的右上角点,设定完后,会自动返回到编辑图纸状态(见图 6-30)。

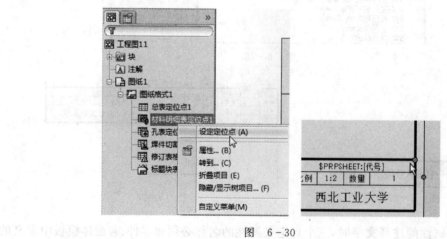

图　6-30

13. 标注样式设定

打开文档属性,进行出详图的一些标注样式定制(见图 6-31~图 6-34)。

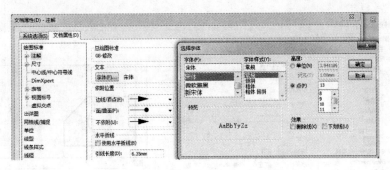

图 6-31

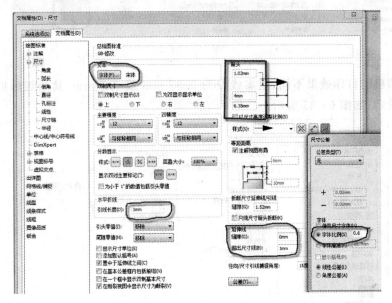

图 6-32

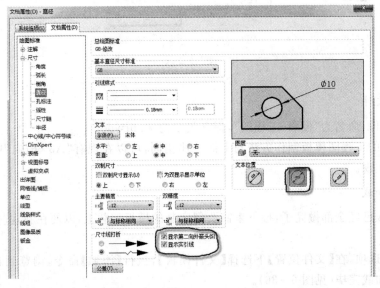

图 6-33

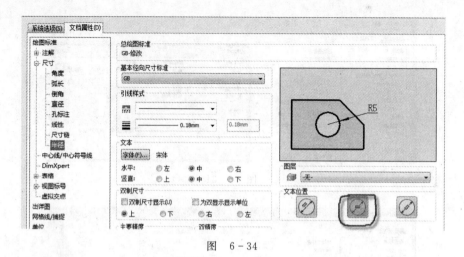

图 6-34

根据打印机的打印效果不同,粗实线设为 0.35 mm 或 0.5 mm,其他线形也可根据打印效果作相应设定,如图 6-35 所示。

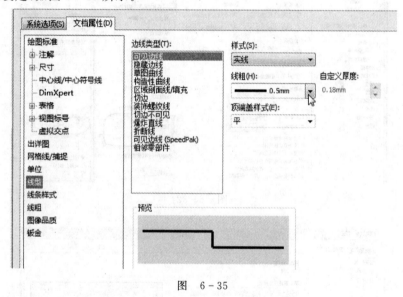

图 6-35

14. 保存文件

保存此文件,命名为"模版-工程图",保存类型为 ∗.drwdot。

其他图幅的工程图模板制作方法与上面所述相同,可以在现有"A3-横向"的基础上更改大小,方便地实现。

15. 模板加载

至此,模板已经全部做完了,接下来需要把定制的模板加载上,以便在新建时,可以选择自己的模板。

打开系统选项,在【文件位置】下选择【文件模板】,执行【添加】命令,浏览到自定义模板文件夹,确定后加载完毕(见图 6-36)。

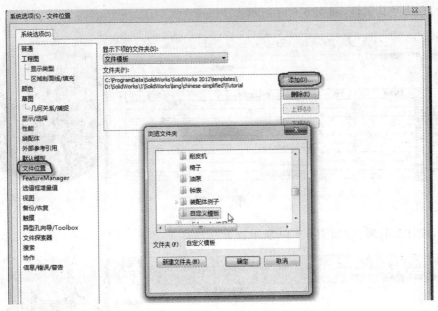

图　6-36

这时新建 SolidWorks 文件,可以看到自定义的模板已经加载进来(见图 6-37)。

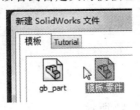

图　6-37

6.3.4　材料明细表的定制

材料明细表定制过程如下。

1. 生成测试零部件

用自定义零件模板建立两个简单零件,然后用这两个零件生成一个装配体,通过文件-属性填写它们的属性(见图 6-38)。最后对装配体出 A3 -横向的工程图。目的有二:①模板是否正确链接;②为材料明细表定制作准备。

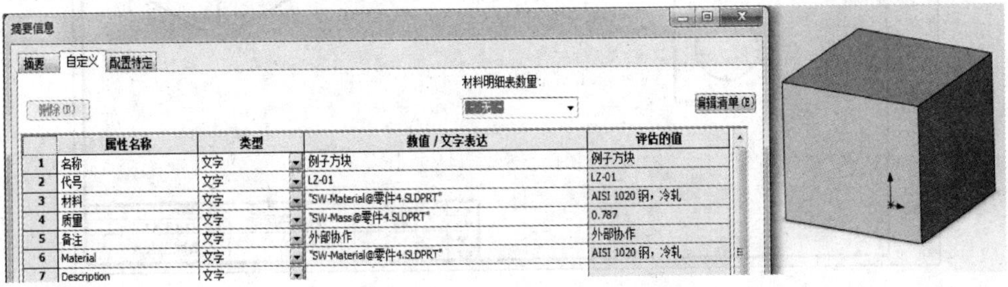

图　6-38

例如,方块及其属性,如图 6 - 39 所示。

图 6 - 39

例如,棱柱及其属性,如图 6 - 40 所示。

图 6 - 40

例如,装配体及其属性,如图 6 - 41 所示。

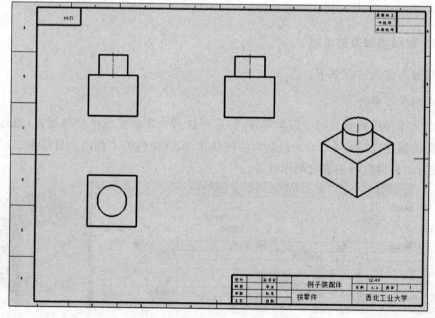

图 6 - 41

如果模板正确无误,把模型插入工程图后,会自动显示模型的相关属性,如图6-40所示。

2.生成材料明细表

通过注释→表格→材料明细表,对某个视图生成材料明细表,如图6-42所示。

材料明细表模板默认路径:SolidWorks 安装目录→lang→chinese-simplified,这个目录下有多种模板,为了统一讲解,选择:bom-all.sldbomtbt,如图6-43所示为插入材料明细表的默认样式。

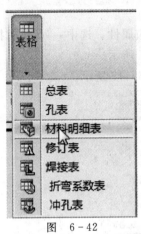

图　6-42　　　　　　　　　　图　6-43

3.重新定位材料明细表,并把标题栏转化到下面

点击材料明细表的左上角,选中整个表格,从属性栏中重新选择表格位置(见图6-44)。步骤为:①通过此角点选中表格;②重新选择定位角点;③点击此按钮使表格标题栏在下部。如图6-45所示。

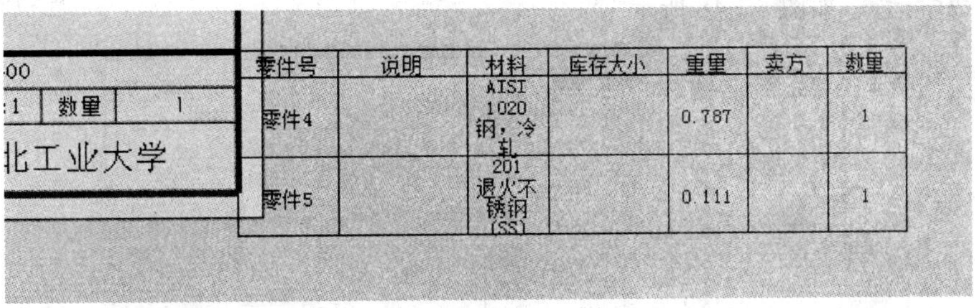

	零件号	说明	材料	库存大小	重量	卖方	数量
:1 数量 1	零件4		AISI 1020 钢,冷轧		0.787		1
北工业大学	零件5		201 退火不锈钢(SS)		0.111		1

图　6-44

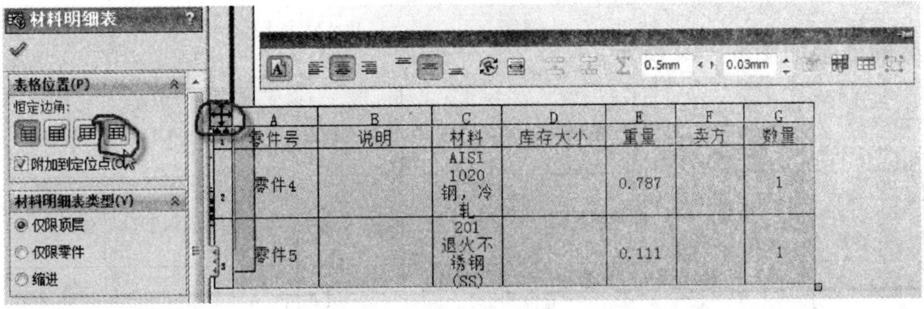

图　6-45

4.将各个列链接到相应的属性

选中一列,从弹出的菜单中选择列属性,之后在列类型中选择项目号(见图 6-46)。

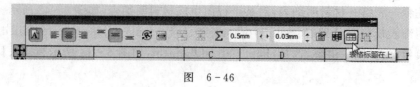

图　6-46

根据上面的操作步骤,将其他列依次链接到相应属性。选中一列,左右拖动,调整位置;选中一列,右键选择【插入】可以插入新列。如图 6-47 所示。

我们要在重量列右面插入一列作为总重,如图 6-47 所示。

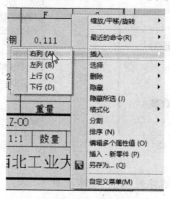

图　6-47 所示

选中新插入的空白列,在列属性中,选择方程式,从列中选择重量、数量,并在中间输入乘号"＊"作数学运算,如图 6-48 所示。

图　6-48

完成后的效果如图 6-49 所示。

项目号	代号	名称	数量	材料	重量		备注
2	LZ-02	例子圆柱	1	201 退火不锈钢 (SS)	0.111	0.111	
1	LZ-01	例子方块	1	AISI 1020 钢,冷轧	0.787	0.787	外部协作

图　6-49

5. 格式化标题栏的高度与各列的宽度

选中第一行的表格标题栏，右键格式化-行高度，根据标准输入：14mm。如图 6－50 所示。

缩放/平移/旋转
最近的命令(R)
插入
选择
删除
隐藏
隐藏所选 (L)
格式化
合并单元格 (O)
分割
排序 (Q)
插入 - 新零件 (R)
另存为... (S)
自定义菜单(M)
列宽 (A)
锁定列宽 (B)
行高度 (C)
锁定行高 (D)
整个表 (E)
代号

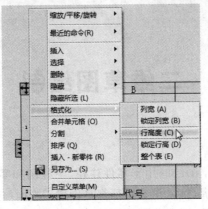

图　6－50

其他列宽度与行的处理方法相同。具体数值依照机械制图的明细表规定，如图 6－51 所示。

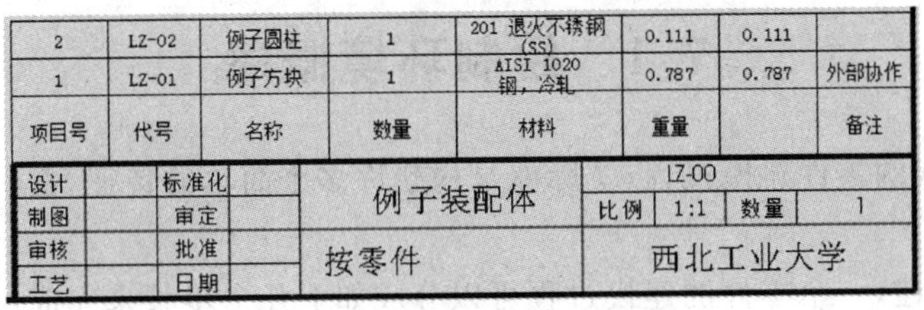

2
LZ-02
例子圆柱
1
201 退火不锈钢 (SS)
0.111
0.111
1
LZ-01
例子方块
1
AISI 1020 钢，冷轧
0.787
0.787
外部协作
项目号
代号
名称
数量
材料
重量
备注
设计
标准化
制图
审定
审核
批准
工艺
日期
例子装配体
按零件
LZ-00
比例
1:1
数量
1
西北工业大学

图　6－51

6. 保存表格模板

在表格区域内右键另存为，选择一个目录，取一个名称，比如“GB 明细表”，保存后下次在装配体中插入，就可以实现自动明细表，如图 6－52 所示。

2
LZ-02
例子圆柱
1
LZ-01
例子方块
项目号
代号
名称
0.111
0.111
0.787
0.787
外部协作
重量
备注
设计
标准化
制图
审定
审核
批准
工艺
日期
LZ-00
比例
1:1
数量
1
西北工业大学
缩放/平移/旋转
最近的命令(R)
插入
选择
删除
隐藏
隐藏所选 (J)
格式化
分割
排序 (N)
编辑多个属性值 (O)
插入 - 新零件 (P)
另存为... (Q)
自定义菜单(M)

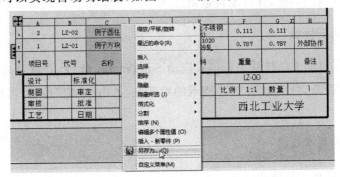

图　6－52

6.4　小结

本章介绍了 SolidWorks 的基本知识，通过本章的学习可了解该软件的用户界面及软件特色，以及 SoldWorks 三种常见模板的设计方法。

第 7 章

二维草图绘制

在 SolidWorks 中,二维草图绘制用于零件建模、工程图和零件装配等。草图是三维实体模型在某个平面上的二维轮廓,绝大多数特征都是创建于平面(包括基准面、模型的平面)上的草图通过某种造型功能生成的,因此草图是特征造型的基础。本章将介绍草图绘制环境、绘图基本方法、设置几何约束条件等命令。

7.1 绘制环境概述

用 SolidWorks 的零件建模过程,实际就是构建许多个简单的特征,它们之间相互叠加、切割或者相交的过程。

根据特征的创建,一个零件的建模过程可以分成如下几个步骤来完成:

(1)进入零件的操作界面。

(2)分析零件,确定零件的创建顺序。

(3)绘制零件草图,创建和修改零件的基本特征。

(4)创建和修改零件的其他辅助特征。

(5)完成零件所有的特征,保存零件造型。

7.1.1 零件建模环境

双击 Windows 桌面上的快捷图标,启动 SolidWorks 软件,在软件启动界面中依次选择"文件"→"新建"命令,弹出如图 7-1 所示的对话框,单击"确定"按钮,出现如图 7-2 所示的零件建模环境。

7.1.2 草图的基本知识

1.进入草图设计环境的操作方法

方法一:启动 SolidWorks 软件后,进入零件建模环境,选择一个基准面(基准面可以是系统自带的三个基准面:前视基准面、上视基准面和右视基准面,也可以模型的平面或是用参考几何体生成的基准面),单击如图 7-3 所示"草图"菜单下的"草图绘制"按钮或直接点击草图绘制工具中任意绘图按钮,进入草图绘制,如图 7-4 所示。

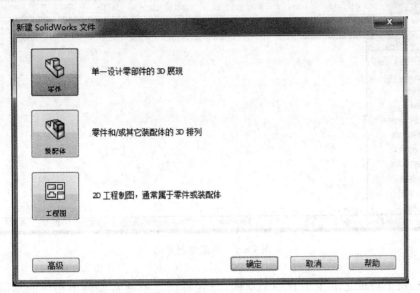

图 7-1　"新建 SolidWorks"文件对话框

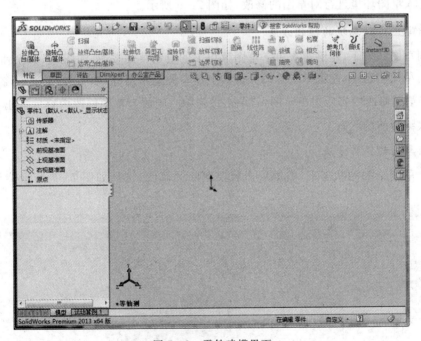

图 7-2　零件建模界面

图 7-3　草图绘制工具栏

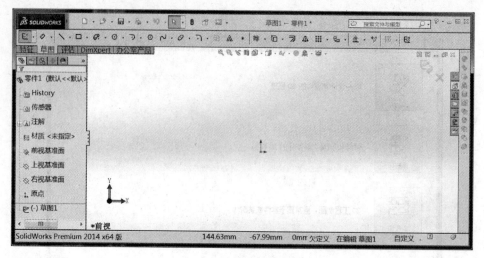

图 7-4　草图绘制界面

方法二：每个特征之下至少有一个草图，设置特征之前通常要画出相应的草图（见图 7-5），特征生成后也可以点开所需特征下的草图，左键或右键单击草图，选择"编辑草图"按钮，从而进入草图环境进行对草图的修改，如图 7-6 所示。

2. 退出草图设计环境的操作方法

在绘制草图状态下，左键再次单击草图菜单下的绘制草图按钮，如图 7-3 所示。

在绘制草图状态下，左键单击绘图界面右上角草图提示图标，如图 7-6 所示，若单击按钮，则保留草图修改内容后退出草图；若单击按钮，则放弃草图修改内容后退出草图，使草图回到这次编辑前的状态。

3. 删除草图的操作方法

在退出草图绘制的状态下，右键单击想要删除的草图，选择如图 7-7 所示菜单中的"删除"选项。

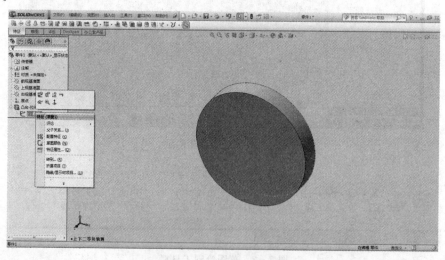

图 7-5　特征下编辑草图

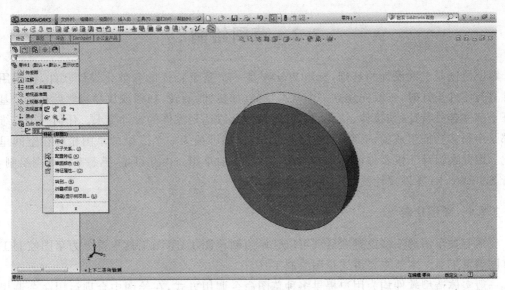

图 7-6　修改草图

4.草图选项

左键单击菜单工具栏中"选项"按钮 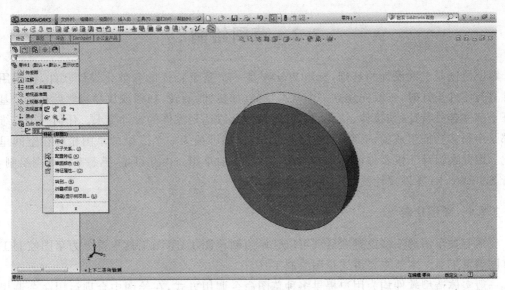，系统会弹出"系统选项-普通"对话框，如图 7-8 所示，在此对话框中选择"草图"选项，可以对草图属性进行设置。"系统选项-普通"对话框下的"系统选项"下的设置是对整个 SolidWorks 软件进行的设置，可应用于所有文件，而"文档属性"下的设置是对单个文件而言的。

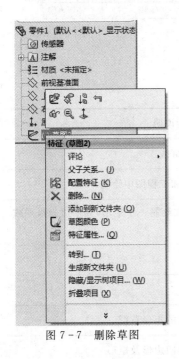

图 7-7　删除草图

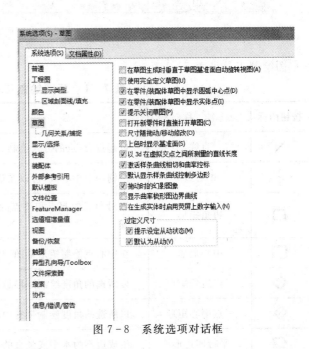

图 7-8　系统选项对话框

7.2 草图绘制

草图绘制是三维设计的基础,SolidWorks 是一个基于特征的参数化设计软件,在运用该软件进行零件设计时,一般先建立一个基本特征(如拉伸、旋转、扫描或放样),然后在这个基本特征上建立各种特征(如拉伸、钻孔、旋转、圆角等),以达到零件的设计要求。任何一个三维零件都是由很多特征组成的,而空间的任何一个特征都可视为一个二维的草图轮廓在空间里的变化。因此在设计三维零件前一定要给出实体特征的草图。由此可见,熟悉掌握草图绘制,是进行 SolidWorks 零件设计的一个不可或缺的基础。

7.2.1 草图绘制

完成有关草图的一些设置之后就可以开始绘制草图了,草图工具主要分为草图绘制工具和草图编辑工具。本节主要讲述草图绘制工具。

一般实体造型软件均为用户提供多种草图命令调用方式,在绘图中合理运用命令调用方式,能提高绘图的效率,SolidWorks 提供的草图绘制命令的调用方式有两种。

(1)菜单方式。从菜单栏调用命令,是所有应用软件共有的特征调用方式。例如,单击"工具"→"草图绘制实体"→"圆"(调用菜单栏中的绘制圆命令)。

(2)工具栏方式。工具栏用图标按钮表达特征命令功能。在调用草图绘制命令时,只需单击草图工具栏中被激活的需执行的草图绘制按钮即可。例如,鼠标点击草图工具栏中的圆绘制命令按钮 ⊙ ▾,如图 7-9 所示。

图 7-9 草图工具栏

草图绘制工具见表 7-1。

表 7-1 草图绘制工具

按钮图标	名 称	功能说明
\	直线	以起点、终点的方式绘制一条直线
⫶	中心线	绘制一条中心线,可以在草图和工程图中绘制
▢	边角矩形	以对角线的起点和终点的方式绘制一个矩形,其一边为水平或竖直
▣	中心矩形	在中心点绘制矩形草图
◈	三点边角矩形	以所选的角度绘制矩形草图
◈	三点中心矩形	以所选的角度绘制带有中心点的矩形草图
▱	平行四边形	生成边不为水平或竖直的平行四边形及矩形

续表

按钮图标	名　称	功能说明
	多边形	生成边数在 3～40 之间的等边多边形
	圆	以先指定圆心,然后拖动光标确定半径的方式绘制一个圆
	周边圆	以圆周上三点的方式绘制圆
	圆心/起/终点画弧	根据圆心、圆弧起点和终点三个参数绘制圆弧
	切线弧	生成一条与草图实体相切的圆弧
	三点圆弧	通过三个点生成一个圆弧(起点、终点、中点)
	椭圆	以先指定中心点,然后指定长、短轴的方式绘制一个完整的椭圆
	部分椭圆	以先指定中心点,然后指定长、短轴的方式绘制完整椭圆,再确定起点及终点的方式绘制一部分椭圆
	抛物线	以先制定焦点,再拖动光标确定焦距,然后指定起点和终点的方式绘制一条抛物线
	样条曲线	以不同路径上的两点或者多点绘制样条曲线,可以在端点处指定相位,自身不能相交
	曲面上的样条曲线	在曲面上绘制一个样条曲线,可以延曲面添加和拖动点生成
	点	绘制一个点,可以在草图和工程图上绘制
	文字	在特征表面上,添加文字草图,然后拉伸或者切除生成文字实体。

下面讲述草图绘制工具的常见用法,为初学者引导,详细内容请查看专业工具书。

1. 点

草图中的点并不能单独用来生成实体,其功能一般是做参考点或定位点,比如用来做定位圆心。

(1)绘制一般点。单击草图工具栏上的"点"按钮 ✳ (或者右击,在弹出的如图 7 - 10 所示的右键菜单中选择"点"命令),执行草图绘制点命令,此时的指针形状变为 ◣ 。在图形区域的适当位置单击鼠标左键确定点的位置放置点。此时会出现如图 7 - 11 所示的"点"属性管理器。在"点"属性管理器中的"添加几何关系"面板中可以为点添加相应的几何关系,在"参数"面板中可以为点设置坐标的位置。将点工具保持激活,这样可以继续在图形窗口中插入点。

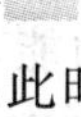

(2)生成草图中两不平行线段的交点:

步骤 1:在草图绘制状态下按住 Ctrl 键,单击选择两条非平行线段,此时被选中的线段高亮显示。

步骤 2:执行草图绘制命令中点命令,就会生成该两条直线的交点,如图 7 - 12 所示。

图 7-10 右键菜单

图 7-11 "点"属性管理器

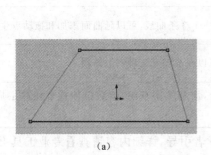

图 7-12 生成交点

2. 直线和中心线

由于 SolidWorks 具有动态导航功能,所以绘制直线非常容易。需要注意的是,在 Solid-Works 中直线就是线段,也就是说 SolidWorks 中没有真正意义上的无限长的直线。

(1)一般线段的绘制。单击草图工具栏上的"直线"按钮 ╲ ,此时的指针形状变为 ✎ 。在图形区域的适当位置单击,然后移动鼠标(也就是单击-单击模式,如果不希望连续绘制几条连续的线段,可以在移动过程中按住左键不放,也就是单击-拖动模式),在直线的终点位置再次单击,一条直线段就绘制成功了。

如果不希望接着当前线段继续绘制,可以结束绘制。结束绘制有几种方法:第一种方法是按 Esc 键退出;第二种方法是单击草图工具栏上的"选择"按钮 ⊷ ;第三种方法是在草图工具栏中选择绘制其他草图实体;第四种方法是右击,弹出如图 7-10 所示的快捷菜单,选择"选择"命令结束。

选择直线,此时会出现如图 7 - 13 所示的"直线"属性管理器,在属性管理器中的"添加几何关系"面板中为点添加相应的几何关系,在"参数"面板中设置长度及角度。改变某个端点的属性,可以在打开的草图中选择点,并在"点"属性管理器中编辑属性。单击-拖动直线的端点或其本身可改变该直线的位置和长度大小。

(2)水平和竖直线段。执行草图绘制命令中的直线命令,此时的指针形状变为 ✎。在图形工作区任选一点,单击,然后向右水平移动鼠标,当光标附近出现 ▬ 标志时,说明绘制的直线已经水平,再次单击,一条水平线段就绘制成功了。图 7 - 14(a)(b)(c)所示分别为水平线、垂直线、倾斜线的标志。如果不希望借着当前线段继续绘制,可以结束绘制。

同样道理,垂直拖动鼠标可绘制出竖直线段,此时标志为 ✎,最终结果如图 7 - 14(b)所示,图中光标附近的数字是线段的长度值。

图 7 - 13　"直线"属性管理器

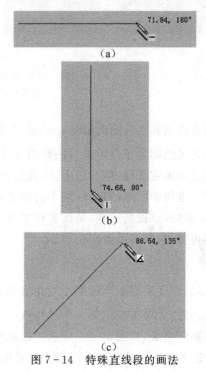

图 7 - 14　特殊直线段的画法

(3)平行和相互垂直线段。绘制一条右斜向上的线段,在该线段下侧与其大致平行的方向拖动第二条线段,将出现相互平行的两条推理引导线,且光标附近出现平行标志 ✎,如图 7 - 15(a)所示,此时继续拖动鼠标到最终目的后释放,则一条平行线绘制成功。类似上述操作,可以绘制垂直于已知线段的线段,⊥ 为垂直标志,如图 7 - 15(b)所示。图中推理引导线引导垂直或平行,蓝色特殊点推理引导线自动捕捉到其中一条线段的端点,若此时释放左键,则新建的端点将与捕捉到的端点自动保持垂直几何关系。

如果设计意图并不是绘制水平、竖直等特殊线段,也不需要使用特殊点,那么在设计时应尽量避开引导虚线。比如绘制一条 5°的斜线,由于角度太小,拖动直线在该角度附近绘制时最终必然会绘制出一条水平线,所以一种较好的方法就是绘制一条大斜度的斜线,然后标注尺寸为 5°,利用尺寸驱动达到要求。

绘制中心线同绘制直线方法完全相同,只不过中心线的命令按钮是 ┆ 。

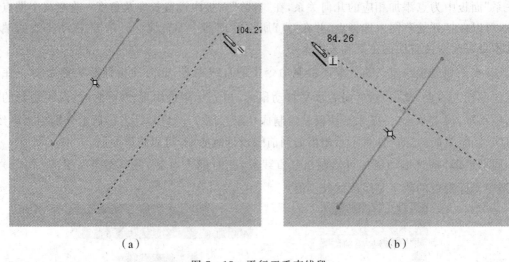

（a）　　　　　　　　　　　　　（b）

图 7 - 15　平行于垂直线段

(a)平行;(b)垂直

注:绘制直线或其他草图时最好在绘制时用智能尺寸 进行修改,使所有草图元素完全定义(显示为黑色即为完全定义),用智能尺寸时控制有要求的尺寸,其他尺寸自然会随之改变,避免过定义和未定义(红色为过定义,蓝色为未定义)。这样既不用修改属性设置属性管理器中的各参数,也便于图形的控制,更不会使之后的作图和修改影响到之前的作图。有些不必要的定义可以省略,以提高效率,请读者在学习过程中自行摸索。所有绘制出的草图图形都是如此,后面不再赘述,但请读者牢记。

3. 矩形

绘制矩形只需要确定矩形的两个对角点即可。在草图工具栏上单击"矩形"按钮 □ ,在图形区域的适当位置单击确定第一个对角点,移动鼠标,拖动出矩形引导线,到合适位置后单击确定,绘制矩形完成,如图 7 - 16 所示。如需改变矩形中单个直线的属性,可以在打开的草图中选择直线,并在"直线"属性管理器中编辑属性。

矩形绘制有边角矩形、中心矩形、三点边角矩形、三点中心矩形 4 种绘制方式,根据需要选择最佳的绘制方式绘制矩形。

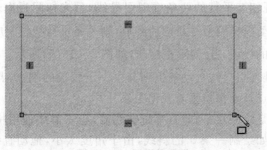

图 7 - 16　矩形的画法

4.平行四边形

绘制平行四边形方法同绘制矩形,如图 7-17 所示。

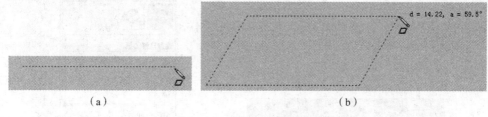

图 7-17　平行四边形的画法
(a)绘制一条边;(b)确定角点

5.多边形

SolidWorks 提供的多边形绘制功能只能绘制正多边形,绘制时需要确定多边形的中心和多边形的边数,默认为六边形。在草图工具栏中单击"多边形"按钮 ⊕,弹出如图 7-18 所示的"多边形"属性管理器界面,通过该界面可以设置多边形的参数(设置多边形的边数,可以手动输入,也可以通过单击右侧自动输入),各参数选项含义如下。

(1)圆的类型。绘制多边形时基圆是内切圆还是外接圆。

(2)多边形中心点 X,Y 坐标值。

(3)多边形内切圆或外接圆的直径。

(4)多边形与水平方向的旋转角度。

设置好各项参数后只需确定多边形的中心即可。如果希望通过鼠标直接绘制多变形,首先在属性管理器设置边数,然后确定多边形中心,最后拖动鼠标确定内切圆或外接圆半径以及旋转角度,如图 7-18 所示。

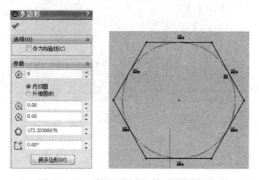

图 7-18　多边形属性管理器及画法

6.圆

在 SolidWorks 中绘制圆形主要包括圆及周边圆两种。

(1)圆。单击草图工具栏中的"圆"按钮,选择圆心位置,按住左键从圆心拖动出圆的半径,释放鼠标,如图 7-19 所示。如需改变圆属性,则单击椭圆,在如图 7-20 所示的"圆"属性管理器中编辑属性。通过单击-拖动圆的边可以对圆进行缩放,拖动圆心可以改变圆的位置。

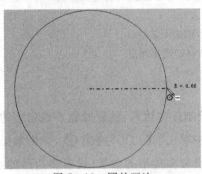

图 7-19　圆的画法　　　　　　　　图 7-20　"圆"属性管理器

(2)周边圆。单击草图工具栏中的"圆"按钮 ，在图形工作区指定圆周上的三个点，即可绘制出一个圆，如图 7-21 所示。

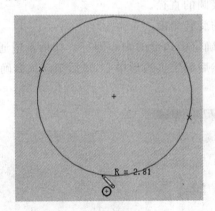

图 7-21　周边圆的画法

7. 圆弧

(1)圆心/起/终点画弧。单击草图工具栏里的"圆心/起点/终点"按钮，将光标指在圆弧圆心的位置，按住左键并拖动到希望圆弧开始的位置，此时蓝色虚线引导圆和一条虚线半径。释放鼠标，按住左键并拖动光标来设定圆弧的长度和方向，释放鼠标，如图 7-22 所示。这里需要注意的是，要将圆弧引导半径拖动到希望的圆弧起点处。如需改变圆弧属性，则单击圆弧，在如图 7-23 所示的"圆弧"属性管理器中编辑属性。

(2)切线弧。单击草图工具栏中上的"切线弧"按钮，在直线、弧、椭圆或样条曲线的端点处按住左键，拖动出所需要的弧线形状，然后释放，如图 7-24 所示。

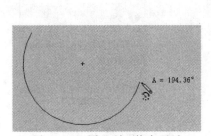

图 7-22 圆心/起/终点画弧

图 7-23 "圆弧"属性管理器

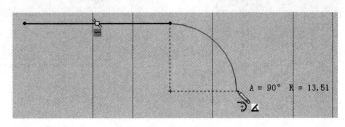

图 7-24 切线弧的画法

(3)三点圆弧。单击草图工具栏里的"切线弧"按钮 ⌒ ,将指针指在希望的圆弧起点位置,按住左键并拖动到希望的圆弧终点位置,释放鼠标。用左键选取引导圆弧,拖动它以设定圆弧的半径(也可以拖动圆心),必要的话可以反转圆弧,释放鼠标,圆弧就绘制完成了,如图 7-25所示。

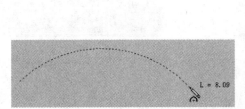

图 7-25 三点圆弧的画法

8.椭圆

单击草图工具栏里的"椭圆"按钮 ⬭,确定椭圆的圆心,移动鼠标,出现一个蓝色引导虚线圆,在引导半径达到合适值后单击,椭圆长轴确定,随后确定椭圆短轴,确定后椭圆绘制成功,如图 7-26 所示。如需改变椭圆属性,则单击椭圆,在如图 7-27 所示的"椭圆"属性管理器中编辑属性。

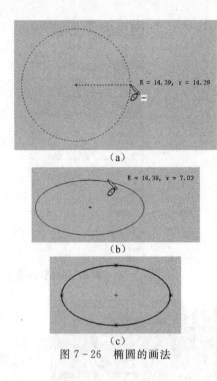

（a）

（b）

（c）

图 7-26 椭圆的画法

图 7-27 "椭圆"属性管理器

9. 部分椭圆

单击草图工具栏里椭圆选项组下的"部分椭圆"按钮 ，确定椭圆的圆心及长轴后，单击"确定"椭圆短轴及起点，再移动鼠标确定终点，部分椭圆绘制成功，如图 7-28 所示。如需改变部分椭圆属性，则单击椭圆，在如图 7-28 所示的"椭圆"属性管理器中编辑属性。

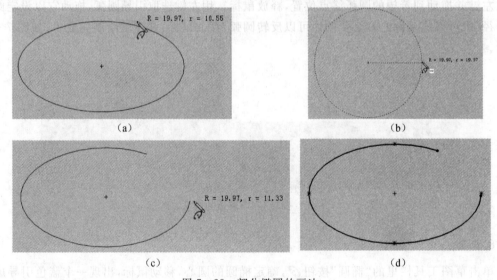

（a）   （b）

（c）   （d）

图 7-28 部分椭圆的画法

10. 样条曲线

样条曲线是常用的曲线之一，是由一系列的型值点连接起来的光滑曲线，因此型值点的位置决定了曲线的形状。绘制样条曲线有两种方法:一种方法是单击-拖动,即单击草图工具栏上的"样条曲线"按钮 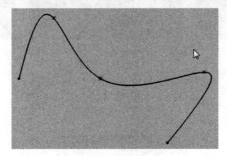,拖动鼠标生成样条曲线的第一段,然后按住第一段的终点拖出第二段,如此操作到最后一段直至完成,按 Esc 键或单击"选择"按钮结束绘制,如图7-29所示。另一种方法是单击,即在绘制过程中释放左键,这样绘制的样条曲线总是连续的。

图7-29 样条曲线

7.2.2 草图编辑

草图编辑是 CAD 中不可或缺的一部分,只有通过草图的编辑功能,如剪切,删除、阵列镜像、倒角等,才能修改草图,为草图标注尺寸和公差等。本节介绍一些常用的编辑功能。

需要说明的是,对草图进行编辑,就必须选择要编辑的草图实体。可以先选择要编辑的草图实体目标,再单击相应的功能按钮。也可以先单击功能按钮,再选择草图实体。

SolidWorks 为用户提供两种草图编辑命令调用方式,在草图编辑中合理应用命令调用方式,可以提高绘图的效率。

(1)菜单方式:单击"工具"→"草图工具"→"圆角"。

(2)工具栏方式:只需单击草图工具栏中被激活的草图编辑按钮即可。

1.圆角和倒角

(1)圆角。利用草图的圆角功能可以在两个草图实体

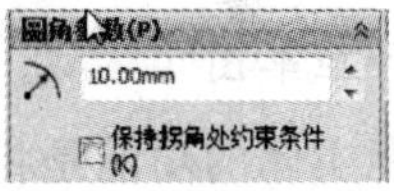

图7-30 圆角半径的设置窗口

的交叉处生成圆角。单击草图工具栏上的"圆角"按钮,此时属性管理器如图7-30所示。在圆角参数文本框中输入圆角半径,用鼠标先后选择组成拐角顶点的两条线段或拐角顶点,圆角就生成了。如果生成圆角的交点已经标注尺寸,而且希望保留顶点尖角,只需使属性管理器中的"保持拐角处约束条件"复选框有效即可。如图7-31(b)(c)所示分别为保持尖角和未保持尖角情况下生成的圆角。

(2)倒角。在草图工具栏上单击"倒角"按钮,此时属性管理器如图7-32所示。管理器中提供了绘制倒角的三种方式:第一种方式是根据角度-距离确定倒角;第二种方式是根据距离-距离确定倒角;第三种方式是根据相等距离确定倒角。从中选择一种,然后输入相应的数据,再选择对应的线段或顶点即可。图7-33所示分别是角度-距离、距离-距离和相等距离三种情况下的倒角。

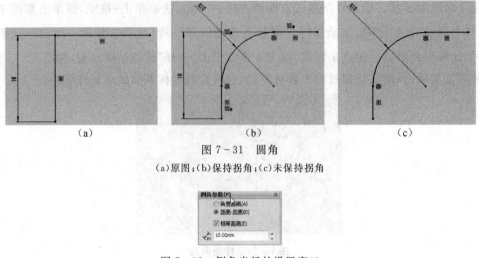

图 7-31 圆角

(a)原图；(b)保持拐角；(c)未保持拐角

图 7-32 倒角半径的设置窗口

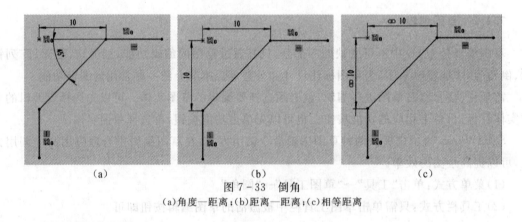

图 7-33 倒角

(a)角度—距离；(b)距离—距离；(c)相等距离

2. 等距草图实体

等距实体的功能是将一个或多个所选的草图实体、模型边线、环、面、外部草图曲线、外部实体轮廓在当前草图平面的投影偏移指定的距离，以便生成新的草图实体。

单击草图工具栏中的"等距实体"按钮 ⑦，属性管理器如图 7-34 所示。其中"等距距离"文本框用于输入要偏移的距离值，"反向"复选框用于选择偏移的方向，当希望偏移一个完整的草图链时，必须使"选择链"复选框有效，如果同时向两个方向偏移，则应使"双向"复选框有效。

应当注意的是，由于每个原始草图实体与等距生成的草图实体具有等距实体几何关系，所以原始草图实体的改变也必然导致等距草图实体的改变。

3. 镜向草图实体

草图镜像就是以中心线为对称线复制草图实体。当生成镜向草图实体时，SolidWorks 会在每一对相应的草图点之间应用一个对称关系，如果改变被镜像的草图实体，则原始草图实体也将随之变动。

绘制如图 7-35(a)所示的图形和一条中心线。单击草图工具栏上的"镜向实体"按钮 ⚠️，属性管理器如图 7-35(b)所示。选择草图实体，单击管理器中"镜向点"下的方框，再单击中心线,镜向成功。

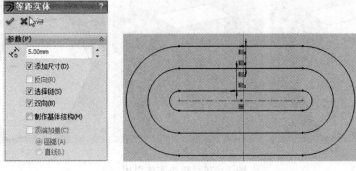

图 7-34　等距实体

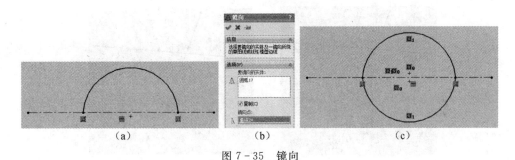

图 7-35　镜向

(a)原始草图;(b)"镜向"属性管理器;(c)完成镜向后的草图

4.转换实体引用

通过转换实体引用功能可以将边、环、面、外部草图曲线、外部草图轮廓、一组边线或一组外部草图曲线投影到草图基准面中,在草图上生成一个或多个实体。

选择一个草图基准面,打开草图绘制,单击模型边线、环、面、曲线、外部草图轮廓线、一组边线或一组曲线,单击草图工具栏中的"转换实体引用"按钮，即可在该基准面上投影生成对应的草图实体,如图 7-36 所示。

系统将自动建立以下几何关系:

(1)在新的草图曲线和实体之间建立在边线上的几何关系。这样一来,如果实体更改,曲线也会随之更新。

(2)在草图实体的端点上生成固定几何关系,使草图保持完全定义状态。当使用显示/删除几何关系时,不会显示此内部几何关系。拖动这些端点可移除固定几何关系。

5.删除、剪裁和延伸

(1)删除。对于单个草图实体的删除,只需单击需要删除的草图实体,然后按 Delete 键或右击,在弹出的右键菜单中选择"删除"命令即可。若同时删除多个草图实体,则按住 Ctrl 键选中,然后按 Delete 键即可。

(2)剪裁。单击草图工具栏上的"剪裁"按钮，将光标移到草图上光标附近出现剪裁标志,直到希望剪裁(删除)的草图曲线(直线、圆弧、椭圆、圆、样条曲线或中心线)被高亮显示为红色,单击,曲线就会截断与另一草图曲线的交点处,如图 7-37 所示。如果该草图曲线与其他草图线段没有相交,则整条线段都会被删除。

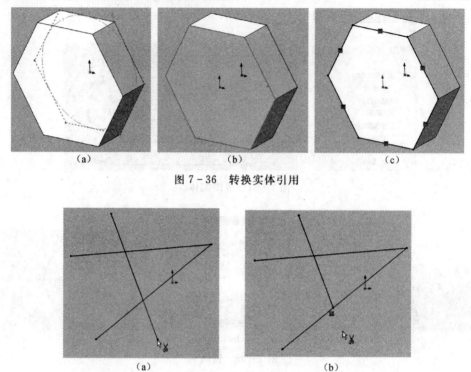

(a)　　　　　　　(b)　　　　　　　(c)

图 7 - 36　转换实体引用

图 7 - 37　草图剪裁

(3)延伸。延伸的功能是将直线、圆弧或中心线延伸到与直线、圆弧、圆、椭圆、样条曲线或中心线相交。单击草图工具栏上的"延伸"按钮 ，将指针移到要延伸的草图实体(直线、圆弧或中心线)上,所选草图实体显示为红色,绿色的草图实体表示实体要延伸的方向,如图 7 - 38 所示。如果预览延伸的方向错误,则将指针移到直线另一半的某一位置并观察新的预览。

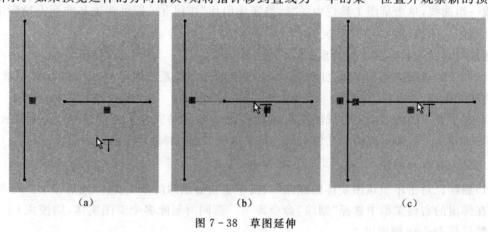

(a)　　　　　　　(b)　　　　　　　(c)

图 7 - 38　草图延伸

6.草图阵列

(1)线性阵列。单击草图工具栏上的"线型阵列"按钮 ，随后弹出如图 7 - 39 所示的"线性阵列"对话框,如果没有预选需要阵列的草图实体,则激活对话框中的"要阵列的实体"列表框,然后单击添加要阵列的草图实体。在对话框的"方向 1"分组框的"反向"文本编辑框中,设定草图阵列的方向(默认为水平方向);在"实体数"文本编辑框中设定想要的实例总数;在"间距"文本编辑框中设定实例间的距离;在"角度"文本编辑框中,设定角度值。对于多行排列,要在"方向 2"(默认为垂直方向)分组框下对应的项目中输入数值。

　　另外,可以在完成阵列之前删除一个实例,方法是在"可跳过的实例"列表框中添加要删除的(行、列)标识。如要恢复删除的草图实例,则在"删除的实例"列表框中选中标识,然后按Delete 键。

　　(2)圆周阵列。预选草图实体,然后单击草图工具栏上的"圆周阵列"按钮 ,随后弹出如图 7 - 40 所示的"圆周阵列"对话框。系统默认阵列的圆周回转中心为坐标原点,并自动计算圆周回转半径,所以对话框中"圆弧"分组框中的"半径"文本编辑框和"角度"文本编辑框中自动出现数值。"中心"分组框中回转中心的的 X,Y 坐标均为当前回转中心的坐标值。如果不希望以坐标原点为中心回转,可以用鼠标拖动中心回转指示箭头到指定的点位置或者输入X,Y 坐标值;"数量"文本编辑框用于设置复制的草图实体数值,"总角度"文本编辑框用于设置回转角度;"半径"用于指定回转半径;单击"反向"按钮,可以改变阵列的旋转方向。

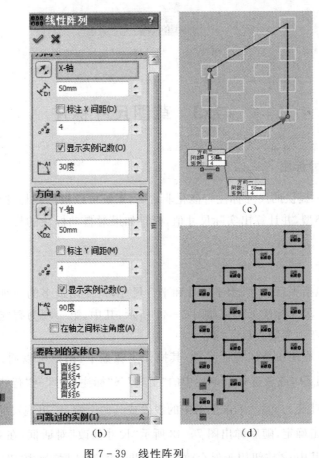

图 7 - 39　线 性 阵 列
(a)原始草图;(b)线性阵列设置;(c)阵列预览;(d)完成的线性阵列

图 7-40 "圆周阵列"属性管理器

7.3 草图尺寸标注

7.3.1 尺寸标注

SolidWorks 提供的尺寸标注智能化非常高,系统可以根据被标注对象的特点自动选择一种合适的尺寸类型,并计算出实际尺寸值,而且如果对自动标注的尺寸类型不满意,还可以进行修改。

1.线性尺寸

线性尺寸包括平行尺寸、水平尺寸和平行尺寸,是使用最多的一种尺寸形式,其标注的对象一般为线段。尺寸标注工具栏如图 7-41 所示,其中,第一项为智能尺寸标注,第二项为水平尺寸标注;第三项为竖直尺寸标注。

如果要在工程图中添加智能尺寸,其操作步骤如下:用户可以通过单击草图工具栏中的"智能尺寸"按钮 ◇,或者选择菜单栏中的"工具"→"标注尺寸"→"智能尺寸"命令开始尺寸标注,此时光标指针变为 。单击草图中的线段或其两个端点,出现尺寸的动态引导线,拖动它到合适位置,单击确定,随后弹出图 7-42 所示"尺寸修改"对话框,在对话框内可以输入要设计的准确尺寸,其中 ✓ 按钮用于保存改变的值并关闭对话框,✗ 按钮用于放弃改变的尺寸值并退出对话框,按钮用于根据当前值重建草图。

图7-41　尺寸标注工具栏

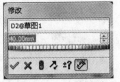

图7-42　尺寸修改窗口

2.圆弧尺寸

圆弧尺寸包括圆弧的半径和直径,圆的半径和直径,以及圆弧的弧长和圆心角等。

(1)半径和尺寸。单击"智能尺寸"按钮 ◇,然后选择要标注的圆弧和圆,拖动尺寸的动态引导线到合适位置后单击鼠标,在"尺寸修改"对话框内输入准确尺寸,再单击"确定"按钮 ✓。

(2)圆弧弧长。单击"智能尺寸"按钮 ◇,然后选择圆弧,再选择圆弧的两个端点,拖动尺寸的动态引导线到合适位置后单击鼠标。

(3)圆心角标注。单击"智能尺寸"按钮 ◇,然后选择圆心,再选择圆弧的两个端点,拖动尺寸的动态引导线到合适位置后单击鼠标。

3.角度尺寸

单击"智能尺寸"按钮 ◇,然后选择形成夹角的两条直线,出现尺寸的动态引导线,拖动它到合适位置,单击"确定",在"尺寸修改"对话框内输入准确尺寸,再按"确定"按钮 ✓。

图7-43所示是一个平面图形综合的尺寸标注。

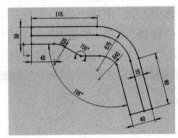

图7-43　综合的尺寸标注

7.3.2　尺寸编辑

智能标注尺寸虽然功能很强,但是并不是标注的所有尺寸都能符合要求。另外,智能标注功能对于一些特殊的标注,也是无能为力的。为此,必须对尺寸进行编辑。

标注尺寸时最常进行的操作就是修改尺寸值,而且操作起来也非常简单。双击要修改的尺寸值,就会弹出尺寸"修改"对话框,输入新的数值后单击"确定"按钮 ✓,尺寸就修改成功了。

当在草图以及工程图中标注尺寸或选择一尺寸数值时,会弹出如图7-44所示的"尺寸"属性管理器,在"尺寸"属性管理器中可以更改特定尺寸的属性。

尺寸属性管理器中提供的尺寸参数选项很多,也比较容易理解,所以不做深入介绍,请读者自行摸索。

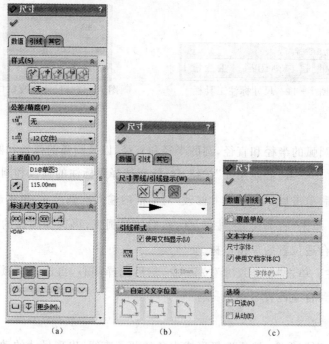

(a)   (b)   (c)

图 7-44 "尺寸"属性管理器

7.3.3 尺寸选项

如果要设置当前文件的尺寸选项,可以采用下面的步骤:

(1)选择菜单栏中的"工具"→"选项"命令,并选择"文件属性"标签。

(2)单击"尺寸"选项,出现如图 7-45 所示的"文件属性-出详图-尺寸标注"对话框。

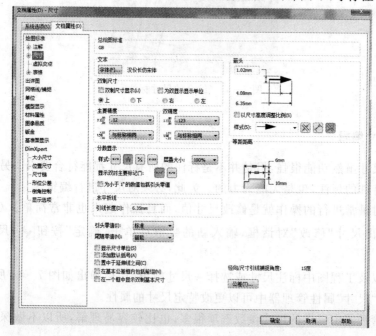

图 7-45 "文件属性-出详图-尺寸标注"对话框

（3）根据所需，改变尺寸标注的各项内容。关于尺寸设置的内容在第 1 章中已经介绍过，这里不再赘述。

（4）单击"确定"按钮，即可完成该对话框的设置。

7.4　添加几何关系

几何关系为草图实体之间或草图实体与基准面、基准轴、边线或顶点之间的几何约束。

7.4.1　自动添加几何关系

将自动添加几何关系作为系统的默认设置，其操作步骤如下：

（1）单击菜单栏中的"工具"→"选项"命令，打开"系统选项"对话框。

（2）在"系统选项"选项卡的左侧列表框中单击"几何关系/捕捉"选项，然后在右侧区域中勾选"自动几何关系"复选框，如图 7-46 所示。

（3）单击"确定"按钮，关闭对话框。

7.4.2　添加几何关系

利用添加几何关系工具可以在草图实体之间或草图实体与基准面、基准轴、边线或顶点之间生成几何关系。

以如图 7-47 所示为例说明为草图实体添加几何关系的过程，图（a）为添加相切关系前的图形，图（b）为添加相切关系后的图形，其操作步骤如下。

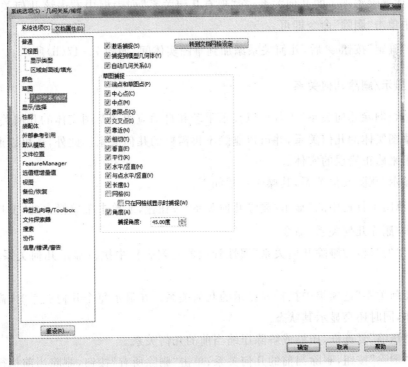

图 7-46　自动添加几何关系

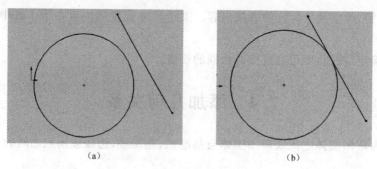

图 7 - 47   添加几何关系的两实体

(1)单击草图工具栏中的"添加几何关系"按钮 ⊥ ，或单击菜单栏中的"工具"→"几何关系"→"添加"命令。

(2)在草图中单击要添加几何关系的实体。

(3)此时所选实体会在"添加几何关系"属性管理器的"所选实体"选项中显示，如图 7 - 48 所示。

(4)信息栏显示所选实体的状态(完全定义或欠定义等)。

(5)如果要移除一个实体，在"所选实体"选项的列表框中右击该项目，在弹出的快捷菜单中单击"清除选项"命令即可。

(6)在"添加几何关系"选项组中单击要添加的几何关系类型(相切或固定等)，这时添加的几何关系类型就会显示在"现有几何关系"列表框中。

(7)如果要删除添加了的几何关系，在"现有几何关系"列表框中右击该几何关系，在弹出的快捷菜单中单击"删除"命令即可。

(8)单击"确定"按钮 ✔ 后，几何关系添加到草图实体间，如图 7 - 47(b)所示。

7.4.3   显示/删除几何关系

利用"显示/删除几何关系"工具可以显示手动和自动应用到草图实体的几何关系，查看有疑问的特定草图实体的几何关系，并可以删除不再需要的几何关系。此外，还可以通过替换列出的参考引用来修正错误的实体。

如果要显示/删除几何关系，其操作步骤如下：

(1)单击草图工具栏中的"显示/删除几何关系"按钮 ⊻ ，或单击菜单栏中的"工具"→"几何关系"→"显示/删除几何关系"命令。

(2)在弹出的"显示/删除几何关系"属性管理器的列表框中执行显示几何关系的准则，如图 7 - 49 所示。

(3)在"几何关系"选项组中执行要显示的几何关系。在显示每个几何关系时，高亮显示相关的草图实体，同时还会显示其状态。

(4)勾选"压缩"复选框，压缩或解除压缩当前的几何关系。

(5)单击"删除"按钮，删除当前的几何关系；单击"删除所有"按钮，删除当前执行的所有几何关系。

图 7-48　"添加几何关系"管理器　　　图 7-49　"显示/删除几何关系"属性管理器

7.5　参考几何体

参考几何体包括基准面、基准轴、坐标系、参考点、分割线、构造几何线和 3D 曲线等。参考几何体可以定义曲面或实体的形状或组成,如放样和扫描特征中使用的基准面,拔模和倒角中使用的分割线,圆周阵列中使用的基准轴等。

7.5.1　坐标系

SolidWorks 使用带原点的坐标系统。当用户选择基准面或者打开一个草图并选择某一面时,将生成一个新的原点,与基准面或者所选面对齐。原点可以用作草图实体的定位点,并有助于定向轴心透视图。三维的视图引导可以定向到零件和装配体文件中的 X,Y 和 Z 方向。

1. 原点

零件原点显示为蓝色 ![icon],每个零件文件中均有 1 个零件原点,当草图处于激活状态时,草图原点显示为红色 ![icon],每个新草图中均有 1 个草图原点。装配体原点显示和零件原点显示相同;零件和装配体文件的视图引导显示为 ![icon]。

可以通过选择"视图"/"原点"命令切换原点显示,菜单命令前的 ![icon] 表示原点可见。

2. 建立坐标系

(1)单击参考几何体工具栏(见图 7-50)中的"坐标系"按钮 ![icon],或者选择"插入"→"参考几何体"→"坐标系"命令,弹出"坐标系"属性管理器,如图 7-51 所示。

(2)确定原点。在零件或者装配体选择一个顶点、点、中点或者默认的原点。实体的名称会出现在"原点" ![icon] 文本框中。

图 7-51 "坐标系"属性管理器

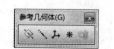

图 7-50 "坐标系"属性管理器

(3)在 X,Y 或 Z 轴的文本框中单击,然后在图形区域中按照以下方法之一定义所选轴的方向:

1)单击顶点、点或者中点,则轴与所选点对齐。

2)单击线性边线或者草图直线,则轴与所选的边线或者直线平行。

3)单击非线性边线或者草图实体,则轴与选择的实体上所选位置对齐。

4)单击平面,则轴与所选面的垂直方向对齐。

如果需要改变选择,右击 X,Y,Z 轴的文本框,从弹出的快捷菜单中选择"清除选择"命令。

(4)如果需要反转轴的方向,单击"反转轴方向"按钮 。

(5)完成坐标系定义后,单击"确定"按钮 。

3.修改和显示参考坐标系

(1)将参考坐标系平移到新的位置:

1)在 Feature Manager 设计树中,右击已建立的坐标系图标,在弹出的菜单中选择"编辑特征"命令。

2)在弹出的"坐标系"属性管理器中单击"原点"文本框,在图形区域中选择希望将原点平移到的点或者顶点。

3)单击"确定"按钮 ,原点即被移动到指定的位置上。

(2)切换参考坐标系的显示。选择"视图"→"坐标系"菜单命令。菜单命令左侧的图标 下沉,表示坐标系可见。

隐藏或显示一个坐标系,右击图形区域或 FeatureManager 设计树的坐标系名称,从弹出的快捷菜单中选择"隐藏"→"显示"命令即可。坐标系在选择时总是高亮显示。

7.5.2 基准轴

1.临时轴

每一个圆柱和圆锥面都有一条轴线,临时轴是由模型中的圆锥和圆柱隐含生成的,常把临时轴设置为基准轴。

选择"视图"→"临时轴"命令,点击菜单命令左侧的图标 可以设置显示或隐藏所有临时轴。临时轴效果如图 7-52 所示。

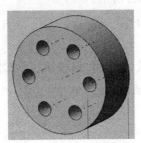

图7-52 显示临时轴　　图7-53 "基准轴"属性管理器

2.基准轴

生成一个基准轴的操作步骤如下：

(1)单击参考几何体工具栏上的"基准轴"按钮，或选择"插入"→"参考几何体"→"基准轴"命令，"基准轴"属性管理器出现在管理窗格中，如图7-53所示。

(2)选择基准轴类型：

1)一直线/边线/轴。选择一条草绘直线、边线或临时轴。

2)两平面。选择两个平面，或选择"视图"→"基准面"命令，然后选择两个基准面。

3)两点/顶点。选择两个顶点、点或中间点。

4)圆柱/圆锥面。选择一个圆柱面或圆锥面。

5)点和面/基准面。选择一个曲面或基准面和顶点、点或中点。因此所产生的轴通过所选择的点，并垂直于所选的面。如果面为空间曲面，则点必须在曲面上。

(3)检查"参考实体"文本框中列出的项目是否正确。

(4)单击"确定"按钮。

选择"视图"→"基准轴"命令，点击菜单命令左侧的图标可以设置显示或隐藏所有基准轴。

7.5.3 基准面

基准面用来绘制草图、为特征生成几何体，通过视图定向可操作基准面。在 FeatureManager 属性管理器中默认提供前视、上视以及右视基准面，除默认的基准面外，还可生成参考基准面。

生成基准面的一般操作步骤如下：

(1)单击参考几何体工具栏上的"基准面"按钮，或选择"插入"→"参考几何体"→"基准面"命令，弹出基准面属性管理器如图7-54所示。

图7-54 "基准面"属性管理器

（2）如图 7－55（a）所示，在"基准面"属性管理器中选择第一参考、第二参考的参考对象。然后选择条件约束，在图形区域中会出现新基准面的预览，如图7－55（b）所示。

（3）单击"确定"按钮 ✓，生成基准面，如图 7－55（c）所示。

也可以通过拖放来生成基准面，具体操作步骤如下：

（1）选择一个现有的基准面边界。

（2）按住 Ctrl 键并拖动基准面，可在基准面属性管理器的"偏移距离"文本编辑框 中调整偏移距离；同时会在图形区域中出现新的基准面的预览。

（3）单击"确定"按钮 ✓，生成基准面。

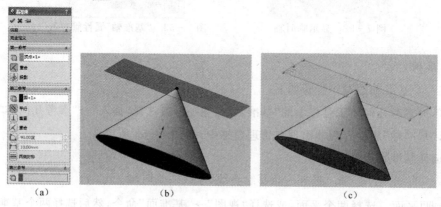

（a）　　　　　　　　（b）　　　　　　　　（c）

图 7－55　建立基准面

（a）建立基准面设置；（b）预览；（c）最终结果

7.6　综合举例

下面以安全阀的罩体为例进行草图绘制的讲解，其安全阀罩体的零件图详见附录附件 1，草图最终效果如图 7－56 所示。

草图绘制具体步骤如下：

（1）启动 SolidWorks，单击"标准"工具栏中的"新建"按钮 ，弹出"新建 SolidWorks 文件"对话框，单击"零件"图标后单击"确定"，或者双击"零件"按钮，生成新文件。

（2）单击"草图"工具栏中的"草图绘制"按钮 ，进入草图绘制状态。在 FeatureManager 设计树中单击"前视基准面"，使前视基准面成为草图绘制平面。

（3）单击"草图"工具栏中的"中心线"按钮 ，过原点作一条竖直的中心线。单击此中心线，在左侧修改其属性为"无限长度"。

（4）单击"草图"工具栏中的"圆"按钮 ⊙，以原点为圆心作圆。

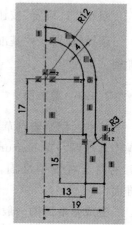

图 7－56　草图最终效果

（5）单击"草图"工具栏中的"直线"按钮 ，以圆的下面的四分点为起点，向下竖直作直线。

(6)用 ✂ "剪切实体"中的"强劲剪裁" ⊢ ,剪掉左下方的 3/4 个圆。

(7)用"智能尺寸" ◇ 标注圆的尺寸为 R12,标注直线长为 17.效果如图 7-57 所示。

(8)单击"草图"工具栏中的 ⿺ "等距实体"按钮,选择圆弧,在左侧"等距实体"属性设置属性管理器中选中"选择链"和"添加尺寸",选择合适的等距方向,设置等距距离为 4,单击 ✔ 完成等距实体,效果如图 7-58 所示。

(9)用 ⊃ ⊃ "切线弧"和 ＼ "直线"绘制草图的大致形状,效果如图 7-59 所示。

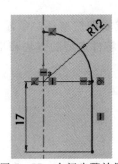

图 7-57 中间步骤效果

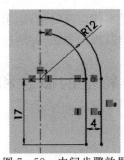

图 7-58 中间步骤效果

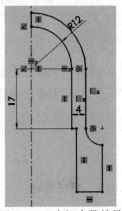

图 7-59 中间步骤效果

(10)添加剩下的尺寸控制草图的形状,达到完全定义。注意给长度为 1 的那条水平直线添加水平的几何关系,否则草图不会完全定义。

(11)至此草图完成,效果如图 7-56 所示。

7.7 小结

本章围绕二维草图绘制,首先介绍了草图的基本知识和草图绘制的操作命令和编辑命令;其次,给出了草图的尺寸标注方式以及添加几何关系的方法;然后给出了参考几何体的设置及添加方法,为任意草图的绘制提供了平台,同时为零件建模做准备;最后通过一个安全阀罩体的草图绘制过程对本章内容进行了综合演示。

第8章

实体特征造型

上一章讲述了草图绘制。草图是零件建模的基础,但是要完成零件造型还必须添加参数化的特征。本章主要介绍特征的分类及添加方法,并通过实例说明零件造型的方法和步骤。

8.1 特征的概念和分类

8.1.1 特征概念

零件是由特征组合而成的。特征是一种与零件功能相关的简单几何单元,如孔、倒角等。

特征造型有三大特点:造型简单且参数化;包含设计信息;体现加工方法和加工顺序等工艺信息。因此,特征造型还应将涉及信息和工艺信息载入其中,后续的 CAD,CAPP,CAM 提供正确的数据。

8.1.2 特征分类

特征可分为草图特征和应用特征。草图特征是由草图生成的,如拉伸、旋转、扫描以及放样等特征。应用特征是通过选择适当的工具或菜单命令,然后定义所需的尺寸或特性所生成的,如倒角、圆角及抽壳等特征。在 SolidWorks 中的特征图标如图 8-1 所示。

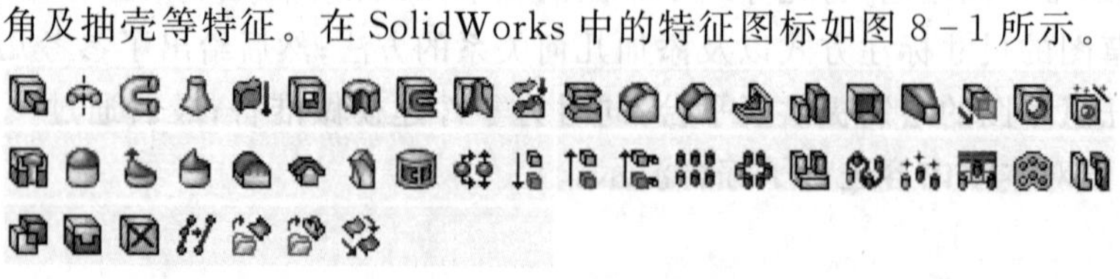

图 8-1　特征图标

8.1.3 特征调用

一般实体造型软件均为用户提供多种命令调用方式,在绘图中合理应用命令调用方式,能提高绘图的效率,SolidWorks 提供的特征调用方式有两种。

(1)菜单方式:从菜单栏调用命令,是所有应用软件共有的特征调用方式。例如,单击"插入"→"凸台/基体"→"拉伸"(调用菜单栏中的拉伸特征)。

(2)工具栏方式:调用特征时,只需单击特征工具栏(见图 8-2)中被激活的特征操作按钮即可。例如,鼠标点击特征工具栏中的拉伸特征按钮 ⬚。

图 8-2 特征工具栏

8.2 草图特征

草图绘制完成后,要形成三维实体还要添加草图特征。草图特征包括拉伸、旋转、放样及扫描等特征。

8.2.1 拉伸特征

1.拉伸特征

拉伸凸台/基体特征是通过截面轮廓草图经过拉伸而生成的,适用于构造等截面的实体特征,而切除-拉伸特征是指利用拉伸来移除草图轮廓内部或外部的材料。

生成拉伸特征的一般步骤如下。

(1)选中草图。

(2)单击特征工具栏中的"拉伸凸台/基体"按钮 ⬚ 或选择"插入"→"凸台/基体"→"拉伸"命令,弹出如图 8-3(a)所示的"凸台-拉伸"属性管理器。

(3)单击特征工具栏中的"拉伸切除"按钮 ⬚ 或选择"插入"→"切除"→"拉伸"命令,弹出如图 8-3(b)所示的"切除-拉伸"属性管理器。

(4)指定以下参数,定义拉伸特征。

1)开始条件:

草图基准面:从草图所在的基准面开始拉伸。

曲面/面/基准面:从"曲面/面/基准面" ⬚ 列表框中选择的面开始拉伸。

顶点:从"顶点" ⬚ 列表框中选择的顶点开始拉伸。

等距:从与当前草图基准面等距的基准面开始拉伸。这时需要在输入等距值中设定等距距离。

2)拉伸方向:

拉伸方向有两个:"方向 1"和"方向 2"。

设置"方向 1"选项区域中的参数,以离开草图基准面的而一个方向为拉伸特征。

设置"方向 2"选项区域中的参数,以离开草图基准面的正反两个方向为拉伸特征。

3)终止条件:给定深度:从草图的基准面拉伸特征到指定距离。

成形到一顶点:从草图的基准面拉伸特征到一个平面,这个平面平行于草图基准面并且穿越到指定的顶点。

成形到一面:从草图的基准面拉伸特征到所选的曲面或平面。

到离指定面指定的距离:从草图的基准面拉伸特征到某平面或曲面的特定距离处。

成形到实体:从草图的基准面拉伸特征到指定的实体。

两侧对称:从草图的基准面向两个方向对称拉伸特征。

完全贯穿:从草图的基准面拉伸特征直到贯穿所有现有的几何体。

4)深度。在深度选项 中给定拉伸的深度值。

5)拔模。单击"拔模开关"按钮 :新增拔模到拉伸特征。使用时要设定拔模角度,根据需要,选择"向外拔模"复选框。

6)薄壁特征。薄壁特征是将薄壁体添加到模型,或从模型中移除薄壁体。

(a)选择类型。"单向""两侧对称"或"双向"。

单向:以单一方向从轮廓生成薄壁特征。

两侧对称:以两个方向用同一厚度值而从轮廓以双向生成薄壁特征。

双向:从轮廓以双向生成薄壁特征。为厚度和厚度设定单独数值。

(b)反向。可以根据需要进行"反向"设置,以生成反向的薄壁特征。

(c)厚度。为单向和两侧对称薄壁特征旋转设定薄壁体积厚度。

7)所选轮廓。当使用多轮廓生成拉伸特征时使用此选项。在图形区域中选择草图轮廓和模型边线将显示在"所选轮廓" 列表框中。用户可以选择任何草图轮廓或模型边线组合来生成单一或多实体零件。

(5)单击"确定"按钮 。

(a)   (b)

图8-3 "拉伸"属性管理器

(a)"凸台-拉伸"属性管理器; (b)"切除-拉伸"属性管理器

2.拉伸特征实例

下面用安全阀中M5垫片为例讲解拉伸特征,拉伸要求有一个闭合的草图,若不闭合则会出现薄壁特征。操作步骤如下。

(1)单击"新建文件"→"零件"→"确定"。从特征管理器中选择 "前视基准面",依次单

击 ![icon]→![icon]→![icon]，绘制草图，并标注尺寸，如图8-4(a)所示。

（2）单击按钮![icon]，在弹出的属性管理器中给定深度值"1.00mm"，如图8-4(b)所示。单击"确定"按钮![icon]，拉伸出形体，如图8-4(c)所示。

（3）选择如图8-5(a)所示的端面，单击 ![icon]/![icon]/![icon]，绘制草图，并标注尺寸。然后单击"拉伸切除"按钮![icon]，在弹出的属性管理器中选择"完全贯穿"选项，如图8-5(b)所示，再单击"确定"按钮![icon]，得到圆孔特征，如图8-5(c)所示。

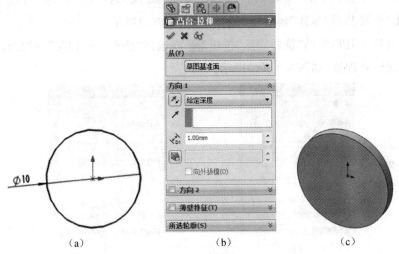

（a）　　　　　　　　（b）　　　　　　　（c）

图8-4　拉伸特征1

(a)草图；　(b)"凸台-拉伸"属性管理器；　(c)生成圆柱

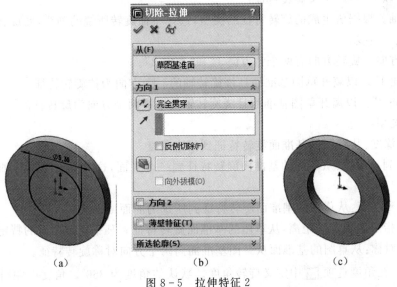

（a）　　　　　　　　（b）　　　　　　　（c）

图8-5　拉伸特征2

(a)草图；　(b)"切除-拉伸"属性管理器；　(c)生成圆柱

8.2.2 旋转特征

旋转特征是指通过围绕一条中心线旋转一个或多个轮廓来生成一个增加或移除材料的特征，适用于构造回转体类零件。旋转特征可以是实体、薄壁特征或曲面。

1.旋转特征

生成旋转特征的一般步骤如下。

（1）绘制一个包括一个或多个轮廓及一条中心线的草图。

（2）单击特征工具栏中的"旋转凸台/基体"按钮 或选择"插入"→"凸台/基体"→"旋转"命令，弹出"旋转凸台/基体"属性管理器，如图 8 - 6(a)所示。

（3）单击特征工具栏中的"旋转切除"按钮 或选择"插入"→"切除"→"旋转"命令，弹出"切除-旋转"属性管理器，如图 8 - 6(b)所示。

（a）　　　　　　　　　　　　　（b）

图 8 - 6 "旋转"属性管理器

(a)"旋转凸台/基体"属性管理器；　(b)"切除-旋转"属性管理器

（4）指定以下参数，定义旋转特征：

1）旋转轴。根据所生成的旋转特征的类型，选择特征旋转所绕的轴线，此旋转轴可能为中心线、直线或一边线。

2）旋转方向。旋转方向有两个："方向 1"和"方向 2"。

（a）"方向 1"。以离开草图基准面且绕旋转轴的一个方向为拉旋转特征。

（b）"方向 2"。以离开草图基准面且绕旋转轴的顺逆两个方向为旋转特征。

3）旋转类型：

（a）给定深度：从草图的基准面旋转特征到指定角度。

（b）成形到一顶点：从草图的基准面旋转特征到一个平面，这个平面过旋转轴并且过指定的顶点。

（c）成形到一面：从草图的基准面旋转特征到所选的曲面或平面。

（d）到离指定面指定的距离：从草图的基准面旋转特征到某平面或曲面的特定角度处。

（e）两侧对称：从草图的基准面从草图基准面向两个方向对称旋转特征。

4）角度。在角度选项 中定义旋转角度。默认的角度为 360°。角度以顺时针从所选草图基准面开始测量。

5）薄壁特征。如果要生成薄壁旋转特征，选中"薄壁特征"复选框，从而激活薄壁选项，选择薄壁类型,并设置薄壁厚度。

　　6)所选轮廓。当使用多轮廓生成旋转特征时使用此选项。

　　(5)单击"确定"按钮　。

　　2.旋转特征的绘制规则

　　(1)以中心线作为旋转轴线。若草图为封闭线段,草图直线可以作为中心线。

　　(2)轮廓不能与中心线交叉。

　　(3)如果草图包含一条以上的中心线,则生成旋转特征时要预选旋转轴线。

　　(4)实体旋转特征的草图可以包含一个或多个闭环的非相交轮廓。

　　(5)对于包含多个轮廓的基体旋转特征,其中一个轮廓必须包含所有其他轮廓。

　　(6)薄壁或曲面旋转特征的草图只能包含一个开环或闭环的非相交轮廓。

　　3.旋转特征实例

　　下面以安全阀中弹簧托盘为例讲解旋转特征(包括旋转和旋转切除),弹簧托盘零件图见附录附件。操作步骤如下:

　　(1)单击"新建文件"→"零件"→"确定"。在特征管理器中选择　"前视基准面",依次单击　→　→　,绘制草图1,并标注尺寸,如图8-7(a)所示。

　　(2)单击"旋转凸台/基体"按钮　,在弹出的属性管理器中选择中心作为旋转轴,如图8-7(b)所示。单击"确定"按钮　,生成旋转特征,如图8-7(c)所示。

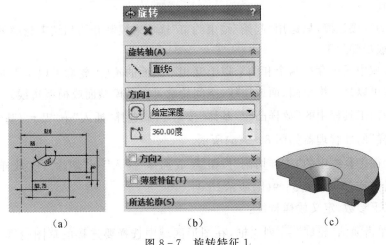

　　　　(a)　　　　　　　　　(b)　　　　　　　　　(c)

图8-7　旋转特征1

(a)草图1;　(b)"旋转凸台/基体"属性管理器;　(c)效果图(剖视)

　　(3)选择前视基准面,单击　→　→　,绘制草图2,并标注尺寸,如图8-8(a)所示。然后单击"旋转切除"按钮　,在弹出的属性管理器中选择中心线为旋转轴,如图8-8(b)所示,再单击"确定"按钮　,完成旋转切除,如图8-8(c)所示。

8.2.3　放样特征

　　放样是通过在两个或多个轮廓之间进行过渡生成基体、凸台、切除或曲面特征。

　　建立放样特征必须存在两个或两个以上轮廓,轮廓可以是平面轮廓或空间轮廓(空间轮廓可以是模型面或由分割线生成的面),仅第一个或最后一个轮廓可以是点,也可以这两个轮廓均为点。可以使用引导线或中心线参数控制放样特征的中间轮廓。

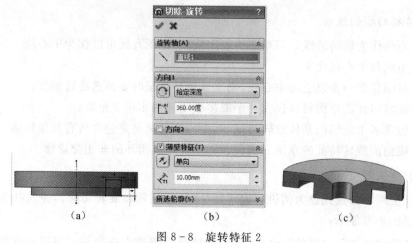

图8-8　旋转特征2

(a)草图2;　(b)"切除-旋转"属性管理器;　(c)效果图(剖视)

　　放样又可分为简单放样、放样切除、引导线放样和中心线放样,这里只介绍机械零件建模中最常用的简单放样,其他类型的放样特征请读者参阅其他工具书。

　　1.简单放样

　　轮廓之间的直接过渡,只运用"起始/结束约束"选项来控制开始和结束轮廓的相切。生成简单放样的一般步骤如下。

　　(1)图形区域中至少存在两个和两个以上互相不共面的轮廓,轮廓可以是平面轮廓或空间轮廓,平面轮廓可以是二维草图、面或边线,空间轮廓可以是模型面或模型边线。

　　(2)单击特征工具栏中的"放样凸台/基体"按钮 或选择"插入"→"凸台/基体"→"放样"命令,弹出"放样"属性管理器如图8-9(a)所示。

　　(3)单击特征工具栏中的"放样切割"按钮 或选择"插入"→"切除"→"放样"命令,弹出"切除-放样"属性管理器如图8-9(b)所示。

　　(4)指定以下参数,定义放样特征:

　　1)轮廓。单击激活"轮廓" 列表框,在图形区域中选择要连接的草图轮廓、面、或边线,放样根据轮廓选择的顺序而生成。在图形区指定轮廓草图时必须注意选取位置,如果选取位置错误,则会发生模型扭转的现象。

　　根据需要,在"轮廓" 列表框中选择一轮廓,单击"上移" 按钮或"下移" 按钮调整轮廓顺序。

　　2)起始/结束约束。通过"起始/结束约束"选项可以控制草图、面或曲面边线之间的相切量和放样方向。

　　无:不应用相切约束。

　　方向向量:根据用为方向向量的所选实体而应用相切约束。使用时选择一方向向量 ,

然后设定拔模角度和起始或结束处相切长度。

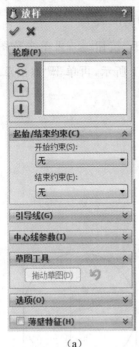

（a）　　　　　　　　　　（b）

图 8-9　"放样"属性管理器

（a）"放样"属性管理器；　（b）"切除-放样"属性管理器

　　垂直于轮廓：应用垂直于开始或结束轮廓的相切约束。使用时设定拔模角度和起始或结束处相切长度。

　　与面相切（在附加放样到现有几何体时可用，此处没有显示）：放样在起始处和终止处与现有几何相邻相切。此选项只有在放样附加在现有的几何体时才可以使用。

　　与面的曲率：在所选开始或结束轮廓处应用平滑、具有美感的曲率连续放样。

　　3）薄壁特征。如果要生成薄壁放样特征，选中"薄壁特征"复选框，从而激活薄壁选项，选择薄壁类型，并设置薄壁厚度。

　　（5）单击"确定"按钮 ✓ 。

　　2. 放样特征实例

　　下面以锤头模型为例，讲解简单放样。

　　步骤 1：单击"新建文件"→"零件"→"确定"，生成一新零件。

　　步骤 2：在前视基准面为选取状态下，单击"正视于"按钮 ↓，再单击草图工具栏上的"草图绘制"按钮，创建草图 1，并标注尺寸，如图 8-10 所示，再单击"退出草图"按钮结束草图 1。

　　步骤 3：单击参考几何体工具栏中的"基准面"按钮 ◇，在弹出的"基准面"属性管理器中"第一参考" 列表框中选择前视基

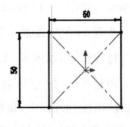

图 8-10　草图 1

准面,单击"平行"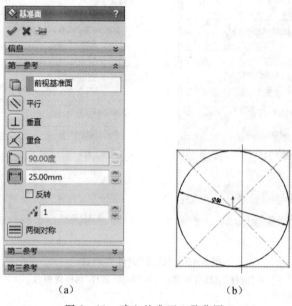按钮,并在"偏移距离"文本框中输入"25mm",如图 8-11 所示,单击"确定"按钮,生成与前视基准面距离为 25mm 的基准面 1。

步骤 4:在基准面 1 为选取状态下,单击"正视于"按钮,再单击草图工具栏上的"草图绘制"按钮,创建草图 2,并标注尺寸,如图 8-11 所示,再单击"退出草图"按钮结束草图 2。

（a） （b）

图 8-11 建立基准面 1 及草图 2

步骤 5:单击参考几何体工具栏中的"基准面"按钮,在弹出的"基准面"属性管理器中"第一参考"列表框中选择基准面 1,选择"平行"按钮,并在"偏移距离"文本框中输入"25mm",如图 8-12 所示,单击"确定"按钮,生成与基准面 1 距离为 25mm 的基准面 2。

步骤 6:在基准面 2 为选取状态下,单击"正视于"按钮,再单击草图工具栏上的"草图绘制"按钮,创建草图 3,并标注尺寸,如图 8-12 所示,再单击"退出草图"按钮结束草图 3。

步骤 7:单击参考几何体工具栏中的"建立基准面"按钮,在弹出的"基准面"属性管理器中"第一参考"列表框中选择基准面 2,选中"平行"按钮,并在"偏移距离"文本框中输入"40mm",如图 8-13 所示,单击"确定"按钮,生成与基准面 2 距离为 40mm 的基准面 3。

步骤 8:在基准面 3 为选取状态下,再单击草图工具栏上的"草图绘制"按钮,创建草图 4,并标注尺寸,如图 8-13 所示,再单击"退出草图"按钮结束草图 4。

步骤 9:单击"正轴侧"按钮,单击特征工具栏中的"放样凸台/基体"按钮。在弹出的"放样"属性管理器中,依次指定"草图 1""草图 2""草图 3"和"草图 4"为放样的轮廓线,选择"起始约束"和"结束约束"为"默认",并单击"确定"按钮,结果如图 8-14 所示。在图形区指定轮廓草图时必须注意选取位置,如果选取位置错误,则会发生模型扭转的现象。

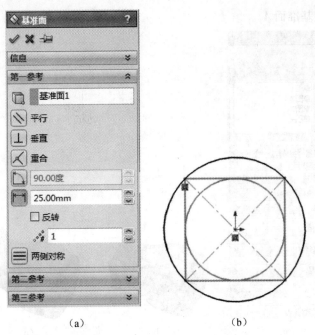

(a)   (b)

图 8-12 建立基准面 2 及草图 3

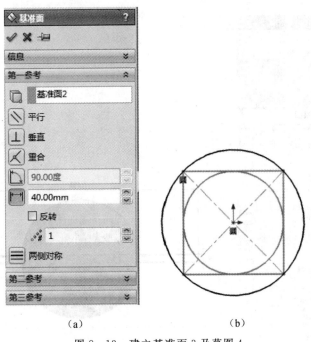

(a)   (b)

图 8-13 建立基准面 3 及草图 4

步骤 10：单击参考几何体工具栏中的"建立基准面"按钮 ，在弹出的"基准面"属性管理器中"第一参考" 选项中选择前视基准面，选中"平行" 按钮，并在"偏移距离" 文本框中输入"200mm"，选择"反转"复选框，如图 8-15 所示，单击"确定" 按钮，生成与前视基准面距离为 200mm 的基准面 4。

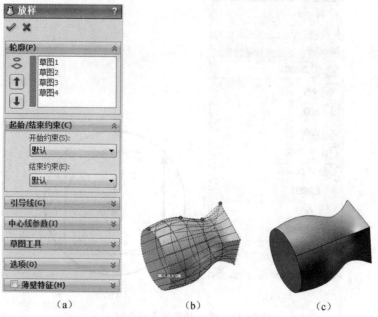

(a)   (b)   (c)

图 8 - 14 "放样 1"属性管理器及结果

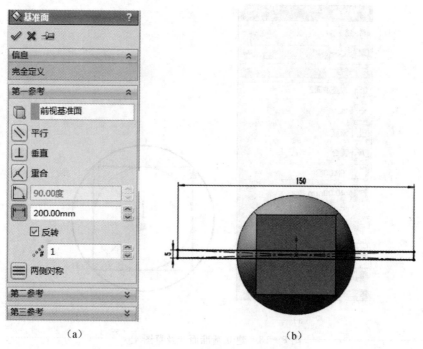

(a)   (b)

图 8 - 15 建立基准面 4 及草图 5

步骤 11：在基准面 4 为选取状态下，单击"显示"按钮 ⚙，单击"正视于"按钮 ↨，再单击草图工具栏上的"草图绘制"按钮 🖉，创建草图 5，并标注尺寸，如图 8 - 15 所示，再单击"退出草图"按钮 🖉 结束草图 5。

步骤12:单击"正轴侧"按钮 🔷,单击特征工具栏中的"放样凸台/基体"按钮 🔷。在弹出的"放样"属性管理器中,依次指定如图8-16所示的端面与"草图5"为放样的轮廓线,选择"起始约束"和"结束约束"为"无",如图8-16所示,并单击"确定"按钮。结果如图8-17所示。

接下来还可用弯曲特征折弯零件,这里就不再详细介绍。

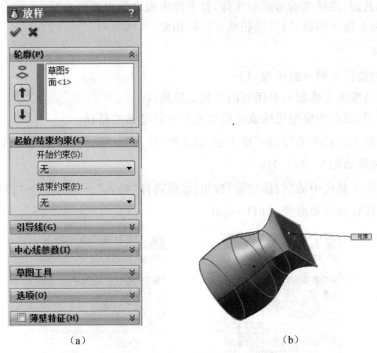

（a）　　　　　　　　　　　　（b）

图8-16　"放样2"属性管理器及面(1)

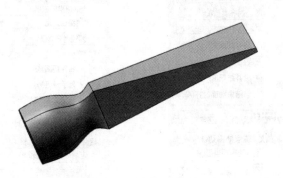

图8-17　"放样2"结果

8.2.4　扫描特征

扫描特征是通过沿着一条路径(平面或空间轨迹线)移动的二维草绘平面来生成基体、凸台、切除或曲面。当扫描特征的中间截面要求变化时,可以通过引导线来控制中间截面的变化,也可以使用其他的参数控制扫描形状,如扫描过程中的扭转、扫描起始或约束的条件。

扫描应遵循以下规则:

(1)对于基体或凸台扫描特征轮廓必须是闭环的,对于曲面扫描特征则轮廓可以是闭环的也可以是开环的。

(2)路径可以为开环的或闭环的。

(3)路径可以是一张草图中包含的一组草图曲线、一条曲线或一组模型边线。

(4)路径的起点必须位于轮廓的基准面上。

(5)不论是截面、路径或所形成的实体,都不能出现自相交叉的情况。

扫描又可分为简单扫描、引导线扫描和扫描切除。

1.简单扫描

生成简单扫描特征的一般步骤如下:

(1)在一个基准面上绘制一个闭环的非相交轮廓。

(2)使用草图、现有的模型边线或曲线生成轮廓将遵循的路径。

(3)单击特征工具栏中的"扫描"按钮 或选择"插入"→"凸台/基体"→"扫描"命令,弹出"扫描"属性管理器如图 8-18(a)所示。

(4)单击特征工具栏中的"扫描切除"按钮 或选择"插入"→"切除"→"扫描"命令,弹出"切除-扫描"属性管理器如图 8-18(b)所示。

(a)

(b)

图 8-18 "扫描"属性管理器

(a)"扫描"属性管理器; (b)"切除-扫描"属性管理器

(5)在"轮廓和路径"选项区域中,进行以下操作:

单击激活"轮廓"列表框 ,然后在图形区域中选择草图轮廓(截面)。

单击激活"路径"列表框 ![icon]，然后在图形区域中选择路径草图。

(6)在"选项"区域中设置轮廓沿路径扫描的方向。其各选项的含义如下所述。

1)"方向/扭转控制"选项：用来控制轮廓在沿路径扫描时的方向，其包含的用于简单扫描的选项为：

随路径变化：按截面相对于路径仍时刻处于同一角度扫描。

沿路径扭转：扫描时沿路径扭转截面。在定义方式下按度数、弧度或旋转定义扭转。

保持法向不变：扫描时截面时刻与开始截面平行。

以法向不变沿路径扭曲：通过将截面在沿路径扭曲时保持与开始截面平行而沿路径扭曲截面。

2)"定义方式"选项：该选项在"方向/扭转控制"选项中选择"沿路径扭转"或"以法向不变沿路径扭曲"时可用，其包含的选项如下：

扭转定义：定义扭转。选择度数、弧度或反转。

扭转角度 ![icon]：在扭转中设定度数、弧度或反转数。

3)"路径对齐类型"选项：该选项在"方向/扭转控制"中选择"随路径变化"时可用，表示当路径上出现少许波动和不均匀波动，使轮廓不能对齐时，可以将轮廓稳定下来，其包含的选项如下：

无：垂直于轮廓而对齐轮廓，不进行纠正。

最小扭转（只对于 3D 路径）：阻止轮廓在随路径变化时自我相交。

方向向量：以在"方向向量"选项 ![icon] 中所选择的方向对齐轮廓，并选择设定方向向量的实体。

所有面：当路径包括相邻面时，使扫描轮廓在几何关系可能的情况下与相邻面相切。

(7)在"起始处/结束处相切"选项区域设置扫描起始处或结束处相切类型，该选项在"方向/扭转控制"中选择"随路径变化"或"保持法向不变"时可用，其各选项的含义如下所述。

1)"起始处相切类型"列表框，其下的选项如下：

无：没应用相切。

路径切线：垂直于开始点沿路径而生成扫描。

2)"结束处相切类型"列表框，其下的选项如下：

无：没应用相切。

路径切线：垂直于结束点沿路径而生成扫描。

方向向量：生成与所选线性边线或轴线相切的扫描，或与所选基准面的法线相切的扫描。在"方向向量"选项 ![icon] 中选择一方向向量。

所有面：生成在起始处和终止处与现有几何体的相邻面相切的扫描。此选项只有在扫描附加于现有几何时才可以使用。

(8)如果要生成薄壁特征扫描，则选中"薄壁特征"复选框，激活薄壁选项，选择薄壁类型并设置薄壁厚度。

(9)单击"确定"按钮 ![icon]。

2. 引导线扫描

(1)生成引导线。可以使用任何草图曲线、模型边线或曲线作为引导线。

（2）生成扫描路径。可以使用任何草图曲线、模型边线或曲线作为扫描路径。

（3）绘制扫描轮廓。

（4）在轮廓草图中的引导线与轮廓相交处添加穿透几何关系。穿透几何关系将使截面沿着路径改变大小、形状或者均改变。截面受曲线的约束，但曲线不受截面的约束

（5）单击特征工具栏中的"扫描"按钮  或选择"插入"→"凸台/基体"→"扫描"命令。

（6）单击特征工具栏中的"扫描切除"按钮 或选择"插入"→"切除"→"扫描"命令。

（7）在弹出的"扫描"属性管理器中进行参数设置，在其中进行参数设置，如图 8 - 19 所示，预览效果及最终效果如图 8 - 20 所示。

图 8 - 19　"扫描"属性管理器　　　图 8 - 20　预览效果

（8）在"轮廓和路径"选项区域中，选择草图轮廓（截面）和路径草图。

（9）在"选项"区域中的"方向/扭转控制"下拉列表中选择以下选项："随路径变化""保持法向不变""随路径和每一引导线变化""随第一和第二引导线变化"等。其他选项的含义已在简单扫描中介绍，这里只介绍"随路径和每一引导线变化"和"随第一和第二引导线变化"选项的含义。

随路径和第一引导线变化：扫描时如果引导线不只一条，选择该项扫描将随第一条引导线变化。

随第一和第二引导线变化：扫描时如果引导线不只一条，选择该项扫描将随第一条和第二条引导线同时变化。

（10）在"引导线"选项区域中设置如下选项：

单击引导线按钮 ，随后在图形区域中选择引导线。此时在图形区域中将显示随着引导线变化截面的扫描特征。如果存在多条引导线，可以单击"上移" 按钮或"下移" 按钮调

整顺序。

单击"显示截面"按钮,然后单击微调框箭头来根据截面数量查看并修正轮廓。

(10)在"起始处/结束处相切"选项区域中设置起始或结束处的相切选项。

(11)如果要生成薄壁特征扫描,则选中"薄壁特征"复选框,激活薄壁选项,选择薄壁类型并设置薄壁厚度。

(12)单击"确定"按钮✓,最终效果如图 8 - 21 所示(轮廓线、路径及引导线可见)。

图 8 - 21　最终效果

3.扫描特征实例

下面以弹簧为例介绍简单扫描特征。完成一个弹簧的建模需要用到两个工具,即螺旋线与扫描工具。

步骤 1:单击"新建文件"→"零件"→"确定"。从特征管理器中选择◇"前视基准面",依次单击 ⊥ → ⦿ → ⊘ ,绘制一个直径为 22.50 mm 的圆,并标注尺寸,如图 8 - 22 所示,圆的直径将会控制螺旋线的中径。

步骤 2:选中刚完成的圆,单击特征工具栏中的"曲线"Ⅴ工具栏中的"螺旋线/涡状线"按钮⅄,弹出"螺旋线"属性管理器,在其中设置参数及效果如图 8 - 23 所示。

图 8 - 22　草图1

图 8 - 23　生成螺旋线

步骤 3:单击参考几何体工具栏中的"基准面"按钮◇,在弹出的"基准面"属性管理器中"第一参考"▢选项中选择螺旋线的一个端点,选择"重合"✕按钮,在"第二参考"▢选项中选择螺旋线,选择"垂直"⊥按钮,单击"确定"✓按钮,生成过螺旋线一个端点且与其垂直的基准面 1,如图 8 - 24 所示。

步骤 4:在基准面 1 为选取状态下,依次单击 ⊥ → ⦿ → ⊘ ,绘制一个直径为 2.50 mm 的圆,并标注尺寸,并添加圆心与螺旋线的"穿透"几何关系,如图 8 - 25 所示,再单击"退出草图"按钮⦿结束草图。

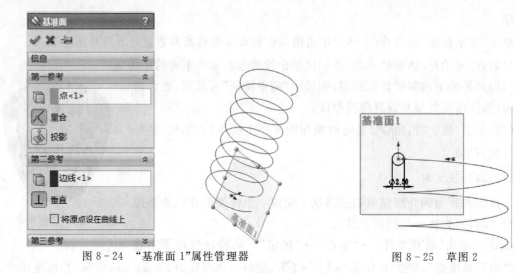

图 8-24 "基准面 1"属性管理器   图 8-25 草图 2

步骤 4：单击特征工具栏中的"扫描"按钮 ，在弹出的"扫描"属性管理器的"轮廓与路径"选项区域中，选择在直径为 2.5 mm 的圆（草图 2）作为扫描轮廓，选择螺旋线作为扫描路径，如图 8-26 所示，"选项"区域中的"方向/扭转控制"默认选项为"随路径变化"。单击"确定"按钮 后，生成弹簧如图 8-26 所示。

图 8-26 "扫描"属性管理器及结果

8.3 应用特征

8.3.1 孔特征

孔特征分为简单直孔和异性孔两种类型。使用简单直孔可以生成一个简单的、不需要其他参数修饰的直孔；使用异型孔向导可以生成多参数、多功能的孔，如机械加工中的螺纹孔、锥形孔等等。

1.简单直孔

生成简单直孔的操作步骤如下：

(1)选择要生成孔的平面。

(2)单击特征工具栏中的"简单直孔"按钮，或选择"插入"→"特征"→"孔"→"简单直孔"命令，弹出"孔"属性管理器如图8-27所示。

(3)在"开始条件"列表中为简单直孔特征选择开始条件。

(4)在"方向1"选项区域中，选择终止条件。

(5)根据需要，选择"拔模开/关"按钮，给孔添加拔模，设定拔模角度，如果需要，选中"向外拔模"复选框。

(6)单击"确定"按钮 ✔。

2.异形孔

异形孔是具有复杂轮廓的孔，如柱孔和锥孔。

图 8-27　"孔"属性管理器

单击特征工具栏中的"异型孔向导"按钮 ，或选择"插入"→"特征"→"孔"→"向导"命令，弹出"孔规格"属性管理器，孔的类型和大小出现在其中，如图8-28所示。

图 8-28　"孔规格"属性管理器

"孔规格"属性管理器中的孔类型包括柱孔、锥孔、孔、螺纹孔、管螺纹孔、旧制孔，根据需要可以选定异型孔的类型。各种孔的"类型"选项设置如下。

(1)"标准"。选择孔类型时，孔使用哪种标准在此处确定。

(2)"类型"。确定符合一定规格的孔的类型。

(3)"大小"。根据选定的标准和类型来确定孔的大小。

(4)"套合"(仅限于柱孔和锥孔)。为孔选择配合关系,如"紧配合""正常"或"松配合"。

使用异型空孔向导时,有两种选择方法:预选择和后选择。

1)当预选一个平面,然后单击特征工具栏上的"异型孔向导"按钮时,所产生的草图为 2D 草图。

2)如果先单击特征工具栏上的"异型孔向导"按钮,然后选择一个平面或非平面,所产生的草图为 3D 草图。

3)与 2D 草图不同,不能将 3D 草图约束到直线,但是 3D 草图可以约束到面。

8.3.2 抽壳特征

在零件建模过程中抽壳特征能使一些复杂的工作简单化。当在零件上的一个面使用抽壳工具进行抽壳操作时,系统会掏空零件的内部,使所选择的面敞开,并在剩余的面上生成薄壁特征。如果没选择模型上的任何面,抽壳一实体零件时,会生成一闭合、掏空的模型。抽壳分为等厚度及不等厚度两种。

1. 等厚度抽壳

生成一个等厚度的抽壳特征的一般步骤如下:

(1)单击特征工具栏中的"抽壳"按钮 █ 或选择"插入"→"特征"→"抽壳"命令,"抽壳 1"属性管理器如图 8-29 所示。

(2)在"参数"选项区域中,执行如下操作:

1)在"厚度" 文本框中输入数值来指定壳体要保留的面的厚度。

2)单击"要移除的面" 列表框,然后在图形区域中选择一个或多个面,作为要删除的面。如果需要,可以选中"壳厚朝外"复选框,来增加模型外部的尺寸。

(3)单击"确定"按钮 ✓,效果如图 8-29 所示。

(a)   (b)

图 8-29 等厚度抽壳实例

2.多厚度抽壳

生成一个具有多厚度面的抽壳特征的一般步骤如下：

(1)单击特征工具栏中的"抽壳"按钮 或选择"插入"→"特征"→"抽壳"命令，"抽壳1"属性管理器如图8-30所示。

(2)在"参数"选项区域中，执行如下操作:在"厚度" 文本框中输入数值来指定壳体要保留的面的厚度。

(3)单击"要移除的面" 列表框，然后在图形区域中选择一个或多个面，作为要删除的面。如果需要，可以选中"壳厚朝外"复选框，来增加模型外部的尺寸。

(4)在"多厚度设定"选项区域中，单击"多厚度面" 列表框，以激活"多厚度设定"选项。

(5)在图形区域选择需要设定的不同厚度的面，该面则显示在"多厚度面"列表框中，然后为该面在"厚度" 文本框中输入壁厚，依次设定其他面的厚度。

6)单击"确定"按钮 ，效果如图8-30所示。

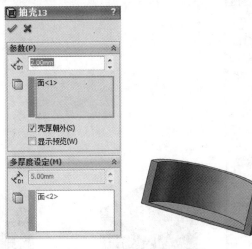

图8-30　多厚度抽壳实例

8.3.3　圆角特征

圆角特征 也是用途比较广泛的特征之一，使用圆角特征可以在零件上生成内圆角或外圆角。SolidWorks可以为一个面上的所有边线、多个面、多个边线或边线环生成圆角。圆角的类型包括等半径圆角、多半径圆角、圆形角圆角、逆转圆角、变半径圆角、完整圆角、面圆角等。这里只对等半径圆角特征、多半径圆角特征及圆形角圆角特征进行介绍，其他圆角特征请读者查阅有关工具书自学。

在生成圆角时，应注意以下规则：

(1)生成圆角之前先添加拔模。

(2)当有多个圆角会聚于一个顶点时，应先添加大圆角。

(3)添加装饰用的圆角时，应在其他几何体定位后添加，因为添加得越早，作为系统花费在重建零件上的时间越长。

(4)如果要加快零件重建的速度,则尽量使用一个圆角命令来处理多个具有相同半径的圆角。但此时如果要改变圆角的半径,在同一操作中生成的所有圆角都会变为改变后的圆角半径值。

1. 等半径圆角

等半径圆角,即生成的圆角半径处处相等。生成等半径圆角方法如下。

(1)单击特征工具栏上的"圆角"按钮 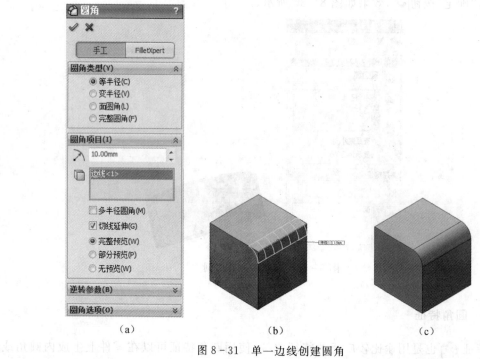,或选择"插入"→"特征"→"圆角"命令。

(2)在"圆角类型"选项区域中,选中"等半径"单选按钮。

(3)在"圆角项目"选项区域中,执行如下操作:

1)在"半径"文本框中 输入半径值。

2)单击激活"边线、面、特征和环" 列表框,可以选择边线、面、特征和环等一个或多个对象进行圆角处理。如图 8-31 所示,在图形区选择边长为 50mm 的正方体的一条边线生成圆角。图 8-32 所示为选择正方体的上表面和竖直边线生成的圆角。

（a）　　　　　　　　　　（b）　　　　　　　　　　（c）

图 8-31　单一边线创建圆角

3)选中"切线延伸"复选框可以使圆角延伸到与所选的面或边线相切的所有面。在保留图 8-31 所示圆角基础上再操作,选择正方体正面一条边线生成圆角,选中"切线延伸"复选框时的圆角与没选中"切线延伸"复选框时的效果分别如图 8-33 和图 8-34 所示。

4)选中"多半径圆角"复选框可为每条所选边线设置不同的半径值,还可以选择边线和面并选择不同的圆角半径,但有公共边线的面不能指定多个半径。如图 8-35 所示,在图形区域依次选择三条边线作为圆角对象,则对应的边线名称在"边线、面、特征和环" 列表框中出现,在图形区每选一条边线,就可在"半径" 文本框中输入其圆角半径值,从而为三条边线选取不同的圆角半径。也可在对象选择完成后在"边线、面、特征和环"列表框中单击一个对象,再输入其半径值。

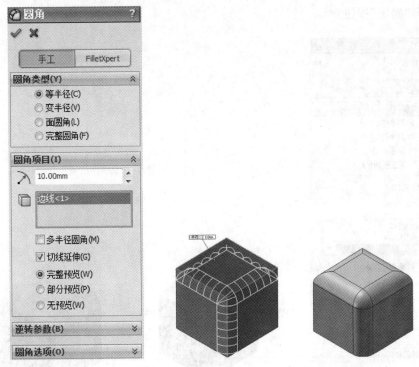

图 8-32 选择表面和边线生成的圆角

图 8-33 选中"切线延伸"复选框的圆角

图 8-34 取消选中"切线延伸"复选框的圆角

(4)如图 8-36 所示,在"圆角选项"选项区域中执行如下操作。

1)根据需要,选中"保持特征"复选框,此时原来的特征会保持,否则将会因圆角特征而消除原有的特征。在图 8-31 基础上再进行操作,在正方体的上表面再叠加一个小正方体(见图 8-37),然后进行圆角操作,圆角半径取 40mm,在"圆角选项"区域中选中"保持特征"复选框,效果如图 8-38 所示,图 8-39 所示为取消选中"保持特征"复选框的圆角结果。

2)"扩展方式"用来控制在单一闭合边线(如圆、样条曲线、椭圆)上圆角在与边线汇合时的行为。主要包括以下选项:

(a)"默认"。系统根据集合条件选择保持边线或保持曲面选项。

(b)"保持边线"。模型边线保持不变,而圆角调整,在许多情况下,圆角的顶总边线中会有沉陷。

（c）"保持曲面"。圆角边线调整为连续和平滑，但是相邻边线会受到影响。

（5）单击"确定"按钮 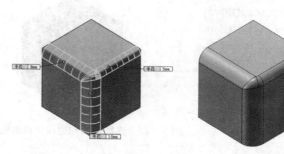。

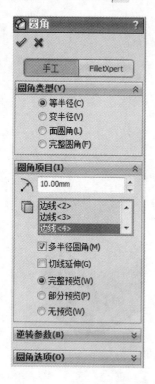

图 8-35　多半径圆角

图 8-36　圆角选项

图 8-37　叠加正方体

图 8-38　选择"保持特征"复选框的结果

图 8-39　取消选择"保持特征"复选框的结果

2. 圆形角圆角

使用圆形角圆角特征可以控制角部边线之间的过渡,圆形角圆混合邻接的边线,用以消除两条线汇合处的尖锐接合点。

如图8-40所示的模型没有使用圆形角,两个相邻的圆脚面结合处比较尖锐。在使用了圆形角以后,形成了平滑的过渡,如图8-41所示。

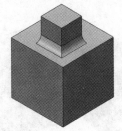 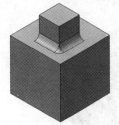

图8-40 未使用圆形角   图8-41 使用圆形角

生成圆形角特征的操作步骤如下:

(1)单击特征工具栏上的"圆角"按钮 ,或选择"插入"→"特征"→"圆角"命令。

(2)在"圆角类型"选项区域中,选中"等半径"单选按钮。

(3)在"圆角项目"选项区域中,执行如下操作:

1)在"半径" 文本框中输入半径值。

2)取消选中"切线延伸"复选框。

3)单击激活"边线、面、特征和环" 列表框,选择两个或更多相邻的边线、面、特征和环进行圆角处理。

(4)在"圆角选项"选项区域,选中"圆形角"复选框。根据需要,可取消选中"保持特征"复选框。

(5)单击"确定"按钮 。

8.3.4 倒角特征

倒角特征可以在所选的边或顶点上生成倾斜特征。

(1)单击特征工具栏中的"倒角"按钮 ,或选择"插入"→"特征"→"倒角"命令,弹出"倒角"属性管理器,如图8-42所示。

(2)在"倒角参数"选项中进行如下操作:

1)单击"边线和面或顶点"列表框 ,然后在图形区域内选择一实体(可以是边线和面或顶点)。

2)倒角生成有三种方式,如图8-43所示,选择其中一种,各选项含义为:

(a)"角度-距离"。在"倒角"属性管理器或在图形区域中输入角度和距离,此时有一个箭头显示距离所计算的方向。如果需要,选中"反转方向"复选框。

图8-42 "倒角"属性管理器

(b)"距离-距离"。在所选边线的两侧输入两个距离值,或选中"相等距离"复选框,并输入一个距离值。

(c)"顶点"。在所选顶点的每侧输入三个距离值,或选中"相等距离"复选框,并输入一个距离值。

3)如果想保留某些特征,选中"保持特征"复选框。

(3)单击"确定"按钮 ✅。

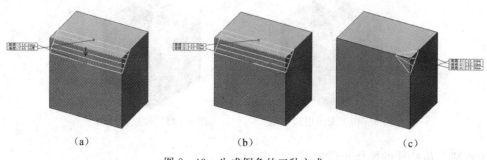

(a)   (b)   (c)

图 8-43　生成倒角的三种方式

(a)角度-距离;(b)距离-距离;(c)顶点

8.3.5　筋特征

在 SolidWorks 中,筋实际上是由开环或闭环的草图轮廓生成的特殊类型的拉伸特征,它在轮廓与现有零件之间添加指定方向和厚度的材料,是加强结构强度的特征。

如果要生成筋特征,可以采用下面的操作步骤:

(1)使用一个与零件相交的基准面来绘制草图轮廓,如图 8-44 所示。

(2)选中(1)中的草图,单击特征工具栏上"筋"按钮 🗐,或选择"插入"→"特征"→"筋"命令,弹出"筋"属性管理器如图 8-45 所示。

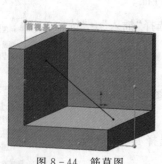

图 8-44　筋草图

图 8-45　"筋"属性管理器

(3)在"厚度"选项中选择一种厚度的生成方式:

1)"第一边" 🗏。只在草图的一侧添加材料。

2)"第二边"。只在草图的另一侧添加材料。

3)"两侧"。在草图的两侧均添加材料。

(4)在"筋厚度"文本框内输入厚度值。

(5)在"拉伸方向"选项中选择筋特征的延伸方向,如选择"平行于草图"方式拉伸生成的筋特征如图 8-46 所示,选择"垂直于草图"方式拉伸生成的筋特征如图 8-47 所示。

(6)单击"确定"按钮。

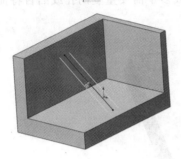
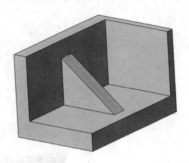

图 8-46　平行于草图平面的筋

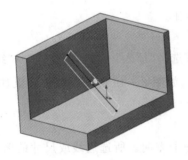
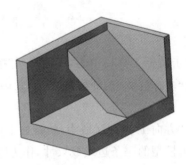

图 8-47　垂直于草图平面的筋

8.3.6　阵列特征

阵列特征主要包括线性阵列、圆周阵列、曲线驱动的阵列、草图驱动的阵列、表格驱动的阵列和填充阵列,下面介绍线性阵列和圆周阵列。

将特征沿一条或两条直线路径阵列称为线性阵列。将特征绕一轴线方式生成多个特征实例称为圆周阵列。圆周阵列必须有一个供环状排列的轴,此轴可为实体边线、基准轴、临时轴等 3 种。

1.源特征

在线性阵列、圆周阵列、镜向特征中的原始特征称为源特征。源特征可以按线性阵列、圆周阵列等工具生成复制阵列。源特征可以编辑,其操作步骤如下:

(1)右击一个阵列或镜向实例,从弹出的快捷菜单中选择"编辑源特征"命令。

(2)改变所需的参数。

(3)单击"确定"按钮。

如果修改了源特征,则阵列或镜向中的所有实例也将随之更新。

2.线性阵列

线性阵列是指沿一条或两条直线路径生成所选特征的多个实例。当使用特征来生成阵列时,所有阵列的实例必须在相同的面上。阵列实例会沿用原始特征的颜色,条件是阵列是以一个特征为基础生成的。

生成源特征的线性特征阵列一般步骤如下。

(1)生成一个基本零件,在基本零件上生成一个或多个需要重复的孔或凸台特征,如图 8-48 所示。

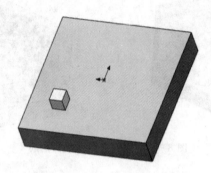

图 8-48　源特征

(2)单击特征工具栏中的"线性阵列"按钮 ▦,或选择"插入"→"阵列/镜向"→"线性阵列"命令,弹出"线性阵列"属性管理器,在其中设置参数,如图 8-49 所示。预览效果如图 8-50 所示。

(3)在"方向1"选项区域中,执行如下操作:

1)单击模型的一条边线或尺寸,作为阵列的第一个方向。所选边线或尺寸的名称出现在"阵列方向"列表框中。

2)根据需要,单击"反向"按钮 ⟳ 更改阵列的方向。

3)在"间距" ⟨D1 文本框中输入阵列实例之间的间距。

4)在"实例数" ∘∘# 文本框中输入实例数。

如果沿两个方向生成线性阵列,在"方向2"选项区域中,执行如同在"方向1"选项区域中的操作。

(4)选择源特征:

1)如果要生成基于特征的阵列,单击激活"要阵列的特征"列表框 ◗,在图形区域中选择特征或单击按钮 ✋,在弹出的特征设计树中选择特征。

2)如果要生成基于构成特征的面的阵列,单击激活"要阵列的面"列表框 ◗,在图形区域中选择所有的面。

3)如果要生成基于实体的阵列,单击激活"要阵列的实体"列表框 ⬦,在图形区域中选择实体。

图 8-49 "线性阵列"属性管理器

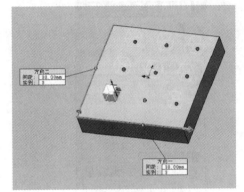

图 8-50 线性阵列预览

(5)在"选项"选项区域中,执行如下操作:

1)如果希望在阵列重复时进行变化,选中"随形变化"复选框。

2)如果仅想要阵列特征的几何体(面和边线),而不求解特征的每一个实例,选中"几何体阵列"复选框。

(6)如果想要跳过特定阵列实例,单击"可跳过的实例"列表框 ,在图形区域中选择要跳过的阵列实例。阵列实例及坐标被列举在"可跳过的实例"列表框 中。

(7)单击"确定" 按钮,效果如图 8-51 所示。

3.圆周阵列

圆周阵列是指绕一轴心以圆周阵列的方式,生成一个或多个特征的实例。

生成圆周阵列的一般步骤如下。

(1)生成一个基本零件,在基本零件上生成一个或多个需要重复的孔或凸台特征,如图 8-52 所示。

(2)生成一个中心轴用作圆周阵列时的旋转轴,也可以选择"视图"→"临时轴" 命令,从而选择临时轴作为中心轴。

(3)单击特征工具栏中的"圆周阵列"按钮 ,或选择"插入"→"阵列/镜向"→"圆周阵列"命令,弹出"圆周阵列"属性管理器,在其中设置参数,如图 8-53 所示。预览效果如图 8-

54 所示。

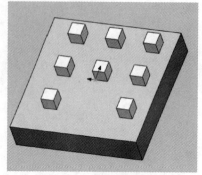

图 8-51　线性阵列效果

图 8-52　源特征

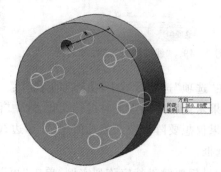

图 8-53　"圆周阵列"属性管理器

图 8-54　圆周阵列预览效果

(4)在"参数"选项区域中,执行如下操作:

1)单击激活"旋转轴"列表框,在图形区域中选择旋转轴,所选旋转轴的名称出现在"旋转轴"列表框中,必要时选择"反向" ,以更改阵列的方向。

2)在"总角度"文本框中 输入回转角度,默认为 360.00 度。

3)在"实例数"文本框中 输入实例数。

4)根据需要,选中"等间距"复选框。

(5)选择源特征:

1)如果要生成基于特征的阵列,单击激活"要阵列的特征"列表框 ,在图形区域中选择特征或单击按钮 ,在弹出的特征设计树中选择特征,此时在图形区域会显示圆周阵列预览。

2)如果要生成基于构成特征的面的阵列,单击激活"要阵列的面"列表框 ,在图形区域中选择所有的面。

3）如果要生成基于实体的阵列，单击激活"要阵列的实体"列表框 ，在图形区域中选择实体。

（6）如果想要跳过特定阵列实例，单击激活"可跳过的实例"列表框 ，在图形区域中选择要跳过的阵列实例。

（7）单击"确定" 按钮，效果如图8-55所示。

 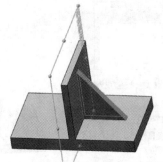

图8-55　圆周阵列效果　　　　　　图8-56　源特征及镜向基准面

8.3.7　镜向特征

镜向特征功能可沿着基准面（或一个面）镜向，生成一个特征（或多个特征）的复制特征。如果修改源特征，则镜向的复制特征也将更新。

生成镜向特征的一般步骤如下。

（1）生成要镜向的特征和用于镜向的参考基准面，如图8-56所示。

（2）单击特征工具栏中的"镜向"按钮 ，或选择"插入"→"阵列/镜向"→"镜向"命令，弹出如图8-57所示的"镜向"属性管理器，设置参数如图8-57所示，预览效果如图8-58所示。

（3）在"镜向面/基准面"选项区域中，单击激活"镜向面/基准面"列表框 ，在图形区域选择用于镜向的参考基准面（或选择一个面）。

（4）选择源特征。

1）如果要生成基于特征的镜向，单击激活"要镜向的特征" 列表框，在图形区域中选择特征或单击按钮 ，在弹出的特征设计树中选择特征。

2）如果要生成基于构成特征的面的镜向，单击激活"要镜向的面" 列表框，在图形区域中选择所有的面。

3）如果要生成基于实体的镜向，单击激活"要镜向的实体" 列表框，在图形区域中选择实体。

（5）如果仅想要镜向特征的几何体（面和边线），而不求解特征的每一个实例，选中"几何体阵列"复选框。

（6）单击"确定"按钮 ，镜向效果如图8-59所示。

图 8-57 "镜向"属性管理器

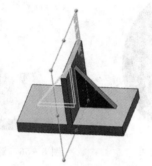

图 8-58 镜向预览效果

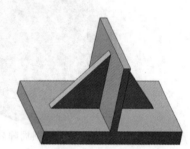

图 8-59 镜向效果

8.3.8 贴图特征

1.添加贴图

添加贴图的一般步骤如下:

(1)在 SolidWorks 操作界面右侧,单击 按钮使"外观、布景和贴图"任务窗格显示。

(2)展开"贴图" 菜单,然后单击"标志" 文件夹或包含有自定义贴图的文件夹,则该文件夹下所有图片显示在任务窗格中,如图 8-60 所示,从中选择一种贴图。

(3)将贴图拖至模型(面或曲面)或特征设计树。如果将贴图拖至图形区域的空白区域,它将应用到整个零件。贴图操纵杆将随着贴图出现,"贴图"属性管理器打开,如图 8-61 所示。

(4)在"贴图预览"选项区域中进行如下操作。

1)根据需要单击"浏览"按钮,更改图像文件保存路径 。

2)单击"保存贴图"按钮,将当前贴图及其属性保存到图像文件设定的路径中。

(5)在"掩码图形"选项区域中选择一种作为掩码图像的类型。

1)"无掩码"。

2)"图像掩码文件"。在掩码为白色的位置处显示贴图,而在掩码为黑色的位置处贴图会被阻挡。

3)"可选颜色掩码"。贴图是所选贴图减去所选择要排除的颜色。

欲生成可选颜色掩码,单击"选择颜色"指针 ,在贴图预览中选择一种颜色。所选的颜色项目将从贴图预览中移除,该颜色将出现在所选颜色中。

欲恢复贴图颜色,在所选颜色中选择该颜色并单击"移除颜色"按钮。

图 8-60 "外观、布景和贴图"任务窗格

图 8-61 "贴图"属性管理器及贴图预览

(6)单击"确定"按钮 ✓ ,完成贴图特征,效果如图 8-62 所示。选择"视图"→"贴图" 🗄 命令,可以切换贴图的显示状态。

2.移除贴图

单击图形区域中要移除的贴图特征所在的模型(面或曲面),在弹出的关联工具栏中展开"外观" 👤 菜单,如图 8-63 所示,在相应的贴图名称后点击"删除"按钮 🗄 ,即可将该贴图移除。

— 185

图 8-62　贴图效果　　　　　　　图 8-63　移除贴图特征

8.4　特征编辑

在 SolidWorks 零件的设计过程中,可以随时编辑草图或特征来改变其参数。编辑草图或特征的步骤如下。

(1)在特征管理器或图形区域中,选择一个需要编辑的特征或选择该特征下的草图,从弹出的关联工具栏中选择"编辑特征" 或"编辑草图" 命令,如图 8-64 所示。

(2)执行完第(1)步操作后,则弹出相应的属性管理器或进入草图编辑状态,在属性管理器中输入新的特征参数或进行草图编辑,单击"确定"按钮 或退出草图编辑后,零件特征即被修改。

图 8-64　编辑草图或特征关联工具栏

8.5　综合举例

8.5.1　阀体建模

现以安全阀阀体为例进行讲解,其零件图详见附录附件 1。下面逐步示范阀体的建模过程。

步骤 1:单击"新建文件"→"零件" →"确定"。从特征管理器中选择 "前视基准面",

单击"草图绘制按钮"🖊,创建如图 8-65 所示的图形,单击特征工具栏中的"拉伸凸台/基体"按钮🗔,在弹出的"拉伸"属性管理器中设置给定深度值"10 mm",然后单击"确定"按钮✔,完成拉伸 1。

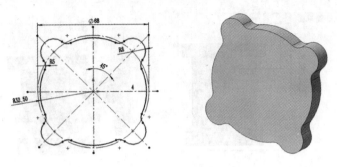

图 8-65 拉伸 1

步骤 2:选择"拉伸 1"特征的一端面,单击草图工具栏中的"草图绘制按钮"🖊,绘制一R25 的同心圆草图,单击特征工具栏中的"拉伸凸台/基体"按钮🗔,在弹出的"拉伸"属性管理器中设置给定深度值"54 mm",然后单击"确定"按钮✔,完成拉伸 2,如图 8-66 所示。

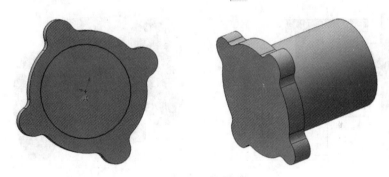

图 8-66 拉伸 2

步骤 3:选择"拉伸 2"特征的一端面,单击"草图绘制按钮"🖊,绘制草图如图 8-67 所示,单击特征工具栏中的"拉伸凸台/基体"按钮🗔,在弹出的"拉伸"属性管理器中设置给定深度值 54 mm,然后单击"确定"按钮✔,完成拉伸 3,如图 8-67 所示。

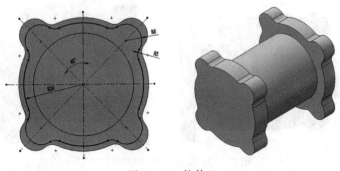

图 8-67 拉伸 3

步骤4:选择◇"上视基准面",单击"草图绘制按钮"🖉,绘制草图如图8-68所示,单击特征工具栏中的"旋转凸台/基体"按钮 🐠,以最下方直线为旋转轴单向旋转360°(或双向180°),然后单击"确定"按钮 ✔,完成旋转1。

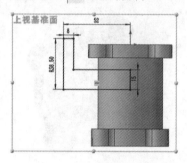

图8-68 旋转1

步骤5:选择◇"上视基准面",单击"草图绘制按钮"🖉,绘制草图如图8-69所示,单击特征工具栏中的"旋转凸台/基体"按钮 🐠,以最上方直线为旋转轴单向旋转360°(或双向180°),然后单击"确定"按钮 ✔,完成旋转2。

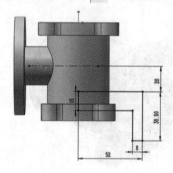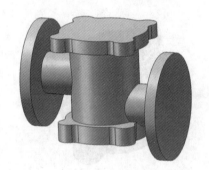

图8-69 旋转2

步骤6:选择◇"前视基准面",单击"草图绘制按钮"🖉,绘制草图如图8-70所示,单击特征工具栏中的"拉伸切除"按钮 🔲,在弹出的"拉伸"属性管理器中设置给定深度值"24 mm",然后单击"确定"按钮 ✔,完成拉伸切除1,如图8-70所示。

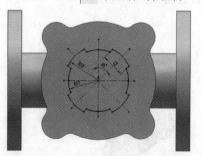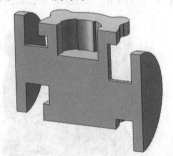

图8-70 拉伸切除1(剖视)

步骤 7:选择"图 8-70 拉伸切除 1"特征的下平面,单击"草图绘制按钮" ,绘制一 R20 的同心圆,单击特征工具栏中的"拉伸切除"按钮 ,在弹出的"拉伸"属性管理器中设置给定深度值"12 mm",然后单击"确定"按钮 ,完成拉伸切除 2,如图 8-71 所示。

步骤 8:选择"图 8-71 拉伸切除 2"特征的下平面,单击"草图绘制按钮" ,绘制一 R14 的同心圆,单击特征工具栏中的"拉伸切除"按钮 ,在弹出的"拉伸"属性管理器中设置给定深度值"1 mm",然后单击"确定"按钮 ,完成拉伸切除 3,如图 8-72 所示。

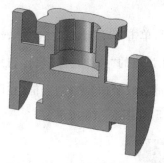 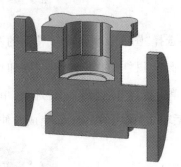

图 8-71 拉伸切除 2(剖视)　　　　图 8-72 拉伸切除 3(剖视)

步骤 9:选择"图 8-72 拉伸切除 3"特征的下平面,单击"草图绘制按钮" ,绘制一 R10 的同心圆,单击特征工具栏中的"拉伸切除"按钮 ,在弹出的"拉伸切除"属性管理器中,选择"完全贯穿"选项,然后单击"确定"按钮 ,完成拉伸切除 4,如图 8-73 所示。

步骤 10:选择"图 8-73 拉伸切除 4"特征的上端面边线(R10 的圆),单击特征工具栏中的"倒角"按钮 ,在"距离" 文本框内输入"2.5 mm","角度" 文本框中输入"45",然后单击"确定"按钮 ,完成倒角 1,如图 8-74 所示。

 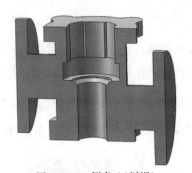

图 8-73 拉伸切除 4(剖视)　　　　图 8-74 倒角 1(剖视)

步骤 11:选择"图 8-71 拉伸切除 2"特征的下平面,单击"草图绘制"按钮 ,绘制一条垂直于主轴线,且距离主轴线距离为 16 mm,平行于"旋转 1"特征的左端面的直线,然后单击"确定"按钮 ,完成草图。再单击参考几何体工具栏中的"基准面"按钮 ,在弹出的"基准面 1"属性管理器中,选择草图平面为第一参考,并在"角度" 文本框中输入"135°",选择刚绘制的直线为第二参考,并单击"重合" 按钮,然后单击"确定"按钮 ,建立基准面 1,如图 8-75 所示。

图 8－75　基准面 1(剖视)

步骤 12:选择"图 8－68 旋转 1"特征的左端面,单击"草图绘制按钮" ,绘制一 R10 的同心圆,单击特征工具栏中的"拉伸切除"按钮 ,在弹出的"拉伸切除"属性管理器中,在"终止条件"下拉菜单中选择"成型到一面"选项,单击激活"面/平面" 列表框,在图形区域中选择基准面 1,然后单击"确定"按钮 ,完成拉伸切除 5,如图 8－76 所示。

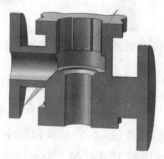

图 8－76　拉伸切除 5(剖视)

步骤 13:选择 "上视基准面",单击"草图绘制按钮" ,绘制草图如图 8－77 所示,单击特征工具栏中的"旋转切除"按钮 ,在弹出的"旋转切除"属性管理器中选择刚完成草图的右侧垂线为旋转轴,然后单击"确定"按钮 ,完成旋转切除 1,如图 8－77 所示。

步骤 14:选择"图 8－69 旋转 2"特征的右端面,单击"草图绘制按钮" ,绘制一 R10 的同心圆,单击特征工具栏中的"拉伸切除"按钮 ,在弹出的"拉伸切除"属性管理器中,在"终止条件"下拉菜单中选择"成型到下一面"选项,然后单击"确定"按钮 ,完成拉伸切除 6,如图 8－78 所示。

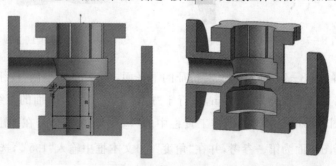

图 8－77　旋转切除 1(剖视)

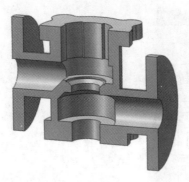

图 8-78 拉伸切除 6(剖视)

步骤 15:选择"图 8-68 旋转 1"特征的左端面,单击"草图绘制按钮" ,绘制如图 8-79 所示的草图,单击特征工具栏中的"拉伸切除"按钮,在弹出的"拉伸切除"属性管理器中,选择"完全贯穿"选项,然后单击"确定"按钮 ,完成拉伸切除 7,如图 8-79 所示。

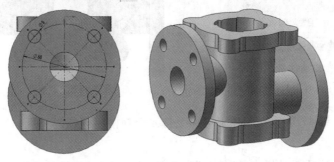

图 8-79 拉伸切除 7

步骤 16:选择"图 8-69 旋转 2"特征的右端面,单击"草图绘制按钮" ,绘制如图 8-79 所示的草图,单击特征工具栏中的"拉伸切除"按钮,在弹出的"拉伸切除"属性管理器中,选择"完全贯穿"选项,然后单击"确定"按钮 ,完成拉伸切除 8,如图 8-80 所示。

步骤 17:选择阀体上端面,单击特征工具栏的"异型孔向导"按钮 ,在弹出的"孔规格"属性管理器中,设置参数如图 8-81 所示,然后单击"确定"按钮 ,完成异型孔特征如图 8-82 所示。

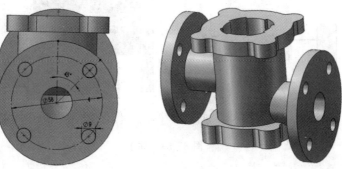

图 8-80 拉伸切除 8

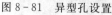

图 8-81　异型孔设置

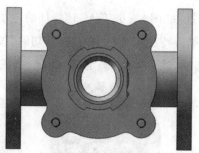

图 8-82　异型孔

步骤 18：如步骤 17 所示在阀体下端面上打 4 个规格相同的异型孔，位置为下端面 4 个小圆圆心。

步骤 19：单击特征工具栏中的"倒角"⬛按钮，在弹出的"属性管理器中，选中"倒角-距离"按钮，在"距离"⬛文本框中输入"1mm"，在"角度"⬛文本框中输入"45.00 度"，给步骤 8 和步骤 9 中打的 8 个异型孔添加倒角。

步骤 20：选择"上视基准面"，单击"草图绘制按钮"⬛，绘制的草图如图 8-83 所示，单击特征工具栏中的中的"筋"按钮⬛，在弹出的的"筋属性管理中"，单击"两侧"按钮⬛，设置筋厚度⬛为 5mm，拉伸方向平行于草图⬛，然后单击"确定"按钮⬛完成筋 1。

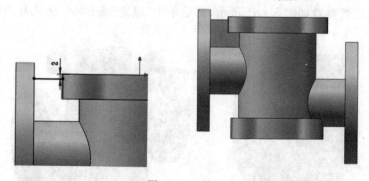

图 8-83　筋 1

步骤 21：如步骤 20 所示创建其他 3 个筋特征，如图 8-84～图 8-86 所示。

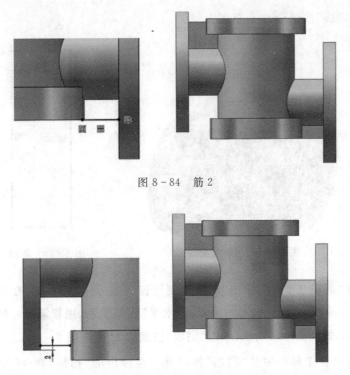

图 8－84　筋 2

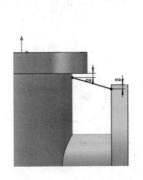

图 8－85　筋 3

图 8－86　筋 4

步骤 22：单击特征工具栏中的"圆角"按钮，设置圆角半径为 2mm，为阀体添加圆角，最终建模如图 8－87 所示。

8.5.2　变螺距弹簧建模

现以安全阀弹簧为例进行讲解，其零件图详见附录附图。下面逐步简要示范弹簧的建模过程。

步骤 1：单击"新建文件"→"零件"→"确定"。

步骤 2：从特征管理器中选择"前视基准面"，单击"草图绘制按钮"，创建如图 8－88 所示草图 1。以原点为起点，作一条竖直的直线，用智能尺寸约束其长度为 2.5mm，如图 8－

88 所示。单击"完成"按钮 🖑 结束草图 1。

图 8-87　最终效果图

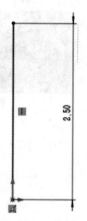

图 8-88　草图 1

步骤 3：选择"前视基准面"，单击"草图绘制按钮" 🖭 ，创建草图 2。在原点的右侧绘制一个直径为 2.5mm 的圆，并添加圆心与原点的"水平"几何关系，用智能尺寸约束圆心与原点的距离为 11.25mm，如图 8-89 所示，单击"完成"按钮 🖑 结束草图 2。

步骤 4：单击特征工具栏中的"扫描"按钮 🗗 ，在弹出的"扫描"属性管理器的"轮廓与路径"选项区域中，选择草图 2 作为扫描轮廓，选择草图 2 作为扫描路径，在"选项"区域中的在方向/扭转控制选项中选择"沿路径扭转"，定义方式选择"旋转"，数值输入"1.00"，单击"确定"按钮 ✔ ，"扫描"设置及效果如图 8-90 所示。

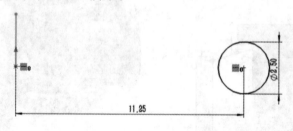

图 8-89　草图 2

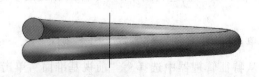

图 8-90　"扫描 1"设置及效果

步骤5：选择"前视基准面"，单击"草图绘制按钮"，创建草图3，选择如图8-91的边线，点击草图工具栏中的"转换实体引用"按钮，单击"完成"按钮结束草图3。

图8-91 草图3

步骤6：如图8-92所示，单击"工具"→"方程式"Σ，在弹出的"方程式、整体变量及尺寸"窗口中新建一个全局变量"a"，数值定为50.75，点击"确定"按钮退出。

步骤7：选择"前视基准面"，单击"草图绘制按钮"，创建图8-93所示草图4。从特征管理器中选择扫描1下的图8-88草图1，点击草图工具栏中的"转换实体引用"按钮，选择得到的直线，在左侧"线条属性"属性管理器中勾选"作为构造线"复选框，然后以该构造线的上端点为起点，绘制一条竖直线，点击"智能尺寸"按钮，选中该竖直线，在弹出的"修改"窗口中输入"＝a"，点击"确定"按钮关闭。单击"完成"按钮结束草图4，效果如图8-93所示。

图8-92 "方程式、整体变量及尺寸"窗口

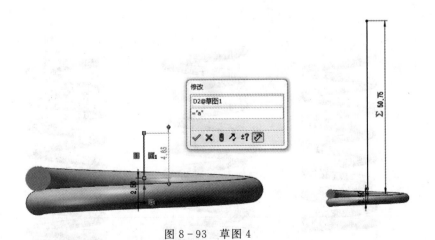

图8-93 草图4

步骤8：单击特征工具栏中的"扫描"按钮，在弹出的"扫描"属性管理器的"轮廓与路径"选项区域中，选择图8-91草图3作为扫描轮廓，选择图8-93草图4作为扫描路径，在

"选项"选项区域中的在"方向/扭转控制"选项中选择"沿路径扭转",定义方式选择"旋转",数值输入"6.50",单击"确定"按钮 ✓,"扫描"设置及效果如图 8-94 所示。

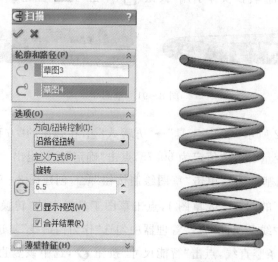

图 8-94 "扫描 2"设置及效果

步骤 9:选择"前视基准面",单击"草图绘制按钮" ⬚,创建图 8-95 所示草图 3,选择如图 8-95 所示的边线,点击草图工具栏中的"转换实体引用"按钮 ⬚,单击"完成"按钮 ⬚ 结束草图 5。

步骤 10:选择"前视基准面",单击"草图绘制按钮" ⬚,创建图 8-96 所示草图 6。从特征管理器中选择扫描 2 下的图 8-93 草图 4,点击草图工具栏中的"转换实体引用"按钮 ⬚,选择得到的直线,在左侧的"线条属性"属性管理器中勾选"作为构造线"复选框,以该构造线的上端点为起点,绘制一条长度为 2.5mm 的竖直线,单击"完成"按钮 ⬚ 结束草图 6,效果如图 8-96 所示。

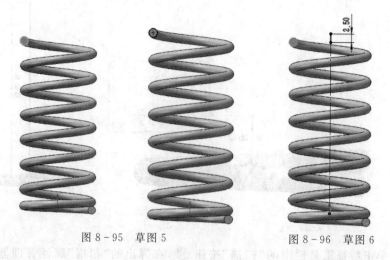

图 8-95 草图 5   图 8-96 草图 6

步骤 11:单击特征工具栏中的"扫描"按钮 ⬚,在弹出的"扫描"属性管理器的"轮廓与路径"选项区域中,选择图 8-95 草图 5 作为扫描轮廓,选择图 8-96 草图 6 作为扫描路径,在"选项"选项区域中的在"方向/扭转控制"选项中选择"沿路径扭转",定义方式选择"旋转",数值输入"1.00",单击"确定"按钮 ✓ ,"扫描"设置及效果如图 8-97 所示。

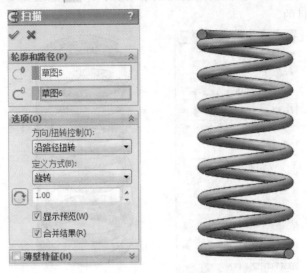

图 8-97　"扫描 3"设置及效果

步骤 12:选择"前视基准面",单击"草图绘制按钮" ,创建图 8-98 所示草图 7。绘制一个矩形,添加矩形的底边与原点的"重合"几何关系,用智能尺寸约束其长度为"a+5",宽度任意,但要保证左右两边均能包括弹簧。单击"完成"按钮 结束草图 7,效果如图 8-98 所示。

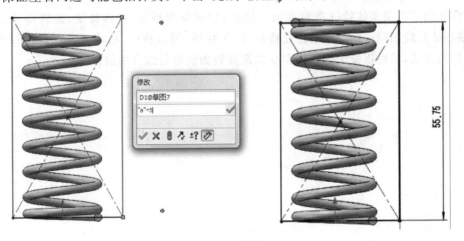

图 8-98　草图 7

步骤 13:从特征管理器中选择图 8-98 草图 7,点击特征中的"拉伸切除"按钮 ,在弹出的属性管理器中的"终止条件"选项中选择"完全贯穿",选中"反侧切除"复选框,单击"确定"按钮 ✓ ,"拉伸切除"设置及效果如图 8-99 所示。

步骤 17:选择"前视基准面",单击"草图绘制按钮" ,创建图 8-100 所示草图 8。绘制一条过原点且竖直的中心线,长度不限。单击"完成"按钮  结束草图 8。创建草图 8 是为了后期安全阀装配过程中对弹簧的定位。

至此,可压缩拉伸的变螺距弹簧就绘制完成了,我们可以通过改变变量"a"的数值来达到压缩或者拉伸弹簧的目的。

图 8 - 99 "拉伸切除"设置及效果

8.6 小结

本章介绍了有关实体特征造型方面的知识,包括草图特征(拉伸特征、旋转特征、放样特征、扫描特征)、应用特征(孔特征、抽壳特征、圆角特征、倒角特征、筋特征、镜向特征)等,以及特征编辑的方法,最后以安全阀阀体和变螺距弹簧为例进行综合举例。

第9章

装配体设计

前面几章介绍了如何使用 SolidWorks 进行零部件的设计和建模。一般来说，一台机器（或部件）总是由若干个零件组成的，因此零件的装配在设计中占有非常重要的地位。用 SolidWorks 可以在零件与零件之间、零件与装配体之间、子装配体与子装配体之间进行重合配合、同轴配合、垂直配合、平行配合、距离配合、角度配合等。在进行装配过程中还可以对装配体进行碰撞检查等。利用 SolidWorks 的装配功能，不但可以提高机械设计开发的效率，更重要的是可以提高设计的准确性。在设计完成投入生产之前，可以直观地了解整体设计效果，进行各种检查，避免发生不应有的失误。本章以安全阀为例说明装配体的创建过程。图 9-1 所示为安全阀装配体。

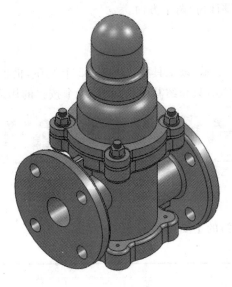

图 9-1　安全阀装配体

9.1　装配基础与装配设计方法

组件的装配是产品生产过程的最后重要环节，通过装配来保证和检验产品的质量，所以，组件装配决定产品质量。SolidWorks 可采用的装配体设计方法有自下而上、自顶向下以及两种方法相结合。本章的安全阀装配则采用自下而上的装配思想。

—　199　—

1. 自下而上的装配思想

在自下而上设计装配体时,首先单独创建好所需的零件并插入装配体文件,然后根据设计要求配合零部件。

自下而上设计法是比较传统的方法。

自下而上设计法的优点是因为零部件是独立设计的,所以与自上向下设计法相比,它们的相互关系及重建行为更为简单。使用自下而上设计法可以使用户专注于单个零件的设计工作。当不需要建立控制零件大小和尺寸的参考关系时(相对于其他零件),此方法较为适用。

2. 自上向下的装配思想

在自上向下设计装配体时,零件的形状、大小及位置是在装配体中开始设计的,并且可以在关联装配体中生成和修改零件。可在零件的某些特征、整个零件或整个装配体上使用自上向下的设计方法。自上向下设计的优点是在设计更改发生时所需改动更少,零件根据所创建的方法而知道如何自我更新。在实践中,设计师通常使用自上向下的设计方法来布局其装配体。

9.2 装配设计环境

SolidWorks 的装配体操作界面与零件造型操作界面很相似,其主要区别在于工具栏和特征管理器(FeatureManager 设计树)两个方面。

9.2.1 装配体工具栏

装配体工具栏如图 9-2 所示,该工具栏上共有 22 个按钮,借助这些按钮,可以完成装配体工作中的绝大多数操作。本节只介绍其中常用的 14 个按钮的用途。

图 9-2 装配体工具栏

装配体工具栏中常用按钮的主要用途见表 9-1。

表　9-1

图标	名　称	用　途
	插入零部件	添加一现有零件或子装配体到装配体
	隐藏/显示零部件	切换与所选零部件关联的的显示隐藏状态
	编辑零部件	切换编辑零件与编辑装配体状态

附表

图标	名　称	用　途
	配合	定位两个零部件使之相互垂直、重合、平行或同轴心等
	智能扣件	使用 SolidWorks Toolbox 标准件库将扣件添加到装配体
	移动零部件	可以选择一个零部件然后拖动,将其移动到目标位置,便于对零部件进行观察和方便配合操作
	旋转零部件	可以选择一个零部件然后拖动,使其旋转,同样便于对零部件进行观察和方便配合操作
	爆炸视图	可建立存于装配体文件的不同配置的多种类型的爆炸视图,一个配置只能添加一种爆炸关系,每个爆炸视图包括一个或多个爆炸步骤
	爆炸直线草图	添加或编辑显示爆炸的零部件之间几何关系的 3D 草图
	线性零部件阵列	与编辑零部件时阵列特征相同,可在装配体中线性阵列零部件以及配合关系
	装配体特征	生成各种装配体特征
	参考几何体	在装配体中生成参考体,有基准面、基准轴、坐标系和基准点
	新建运动算例	插入新运动算例
	Instant3D	启用拖动控标、尺寸、及草图来动态修改特征

9.2.2　FeatureManager 设计树及符号

　　下面简单介绍一下装配体 FeatureManager 设计树中部分文件夹及符号。装配体设计树在装配体窗口显示以下项目:装配体名称、光源、和注解文件夹、装配体基准面和原点、零部件(零件或子装配体)、配合组与配合关系、装配体特征(切除或孔)和零部件阵列、在关联装配体中生成的零件特征等,如图 9 - 3 所示。

图 9 - 3　装配体特征管理器

（1）自由度。插入到装配体中的零部件的运动方向是由其自由度决定的，在进行操作之前，刚插入的零部件有 6 个自由度，沿 X,Y,Z 三轴运动，绕这三轴旋转。通过"固定"或添加配合关系可以约束、限制其自由度。

（2）零部件。零部件在装配体中有六种状态："固定""浮动""无解""完全定义""过定义"和"欠定义"。

完全定义的零部件没有自由度，欠定义的零部件有一部分自由度，零部件可以在其定义自由度方向上运动。若某零部件过定义时，则前面有（＋）号，欠定义时则为（－）号。状态栏出现 ⚠过定义 或者 FeatureManager 设计树字体出现红色或黄色警告时，即为"过定义"，此时无解或装配冲突。若出现此类情况 ⚠ 表明出现了不能实现或者错误地配合，右击该节点在弹出的对话框中选择"什么错？"，可以查看错误配合的种类和原因。

"固定"状态表示零部件固定在当前位置，而不是由配合关系确定位置。"固定"状态的零件不能进行移动或旋转，作为整个装配体的"地"零件。若是零件前无前缀，则表明对此零件添加了"配合"命令，处于完全约束状态，不可进行拖动。零部件后的<1>表示有一个此类零部件被调入装配体。

（3）重新排序。在进行装配时，可以通过鼠标拖动某些特征的名称重新调整其在装配体设计树的位置，如：

1）零部件。

2）装配体基准面、轴、草图。

3）装配体列阵。

4）关联的零件特征。

5）在装配文件夹内的配合关系。

6）装配体特征。

图 9-4 所示是将弹簧移到阀门下面。

（4）配合文件夹。装配体的所有配合关系均按顺序被分组并放入一个名为"配合"的文件夹中，所以装配体有且只有一个配合文件夹，如图 9-5 所示。在进行装配之前，最好先对 SolidWorks 的有关选项进行配置，使其适合设计需要，特别在进行大型装配体设计时尤为重要，主要有性能设置、大型装配体设置、文件设置。

图 9-4 重新排序

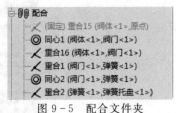

图 9-5 配合文件夹

9.3 创建装配体

9.3.1 创建装配体文件

在菜单栏中选择"文件"→"新建"命令，弹出"新建文件"对话框，单击"装配体"图标，点击"确定"按钮后即进入装配体制作界面,如图9-6所示。单击"浏览"按钮,弹出"打开"对话框,查找要打开的零部件文件,单击"打开"按钮,可以直接将零部件插入到该装配体文件中。

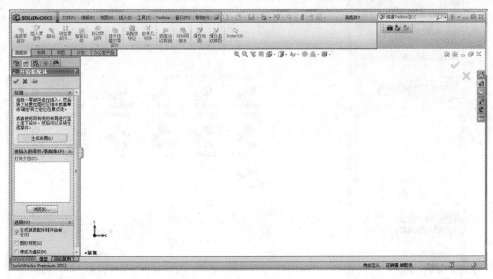

图9-6 新建的SolidWorks装配体文件界面

9.3.2 插入零部件

在创建装配体文件后,首先要在该文件中添加需要装配的零件,当一个零件(单个零件或子装配体)被放入装配体中时,这个零部件文件与装配体文件链接。零部件出现在装配体中,单零部件的数据还保持在原零部件中,且对零部件文件所在进行的任何改变都会更新装配体。在SolidWorks装配体中,可以用以下方法添加零部件。

(1)刚打开装配体操作界面或在装配过程中单击"插入零部件"按钮 ，操作界面左侧会弹出如图9-7所示窗口,点击"浏览"进入"打开"对话框,从中选择要添加的零件名(这里为阀体),可以对零件进行预览,如图9-8所示。打开零件后,鼠标指针形状变为 ，一般固定零件放在坐标原点,单击原点则添加阀体。在插入零部件时,通过原点光标,可以使零部件的原点位于装配体的原点处,这也意味着零部件的参考平面与装配体的参考平面配合在一起,零部件已被完全定位。特征管理器中阀体前面自动加有"固定",表明已定位,如图9-9所示。在特征管理器中选中阀体,右键单击,在弹出的快捷菜单中点击"浮动"命令,使阀体即解除固定状态。

(2)从一个打开的SolidWorks文件窗口中拖动零部件到装配体中。

(3)从Windows资源管理器拖动所需的零部件到装配体中。

(4)从任务窗格的文件探索器拖动所需的零部件到装配体中。

(5)在装配体中按住ctrl键拖动所需的零部件以增加该零部件的实例。

图 9-7 "插入零件"属性管理器

图 9-8 打开安全阀零件

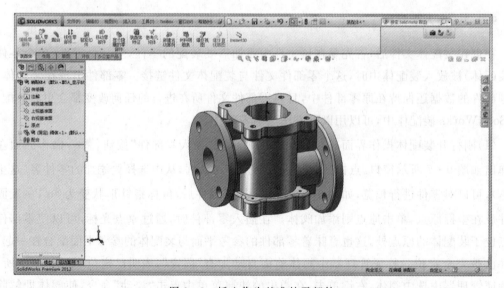

图 9-9 插入作为基准的零部件

9.3.3 旋转和移动零部件

在装配体中,未完全定义的零部件可以对其作移动或旋转操作,从而将其移动到合适的位置或方向以方便创建配合关系。

(1)选中零部件,按住鼠标左键拖放零部件到合适位置。鼠标中键作用很大,按住中键并拖动鼠标可以改变装配体角度,滑动鼠标中键可以改变装配体的大小,方便视野调整。

（2）单击"移动零部件"按钮 ，出现"移动零部件"属性管理器，如图 9-10 所示，用户可以在"移动"选项区域的"移动" 列表框中选择一项进行移动操作。此时图形区域中指针形状变为 ，选中零部件，按住鼠标左键拖放零部件到合适位置。

"自由拖动"：选择零部件并沿任意方向拖动（与直接在图形区用鼠标拖动效果相同）。

"沿装配体 XYZ"：选择零部件并沿装配体的 X，Y 或 Z 轴方向拖动。

"沿实体"：选择实体，然后选择零部件并沿该实体的拖动。实体可以是直线、边线或轴，也可以是基准面或平面，零部件在实体自由度内移动。

"由三角形 XYZ"：在属性管理器中输入 ΔX，ΔY 和 ΔZ 的值，然后单击应用，零部件会按照指定路径移动，为坐标增值运动。

"到 XYZ 位置"：选择零部件上一点，在属性管理器中输入 X，Y 或 Z 的值，然后点击应用，则该点即会移动到指定坐标点。若所选零部件上不是一点，那么该零部件的原点会自动移动到指定坐标。

（3）单击"移动零部件"旁边的箭头，然后单击"旋转零部件"按钮 ，或者点击"工具"→"零部件"→"旋转"，进入"旋转零部件"属性管理器，如图 9-11 所示。此时图形区域中指针形状变为 ，选中零部件，按住鼠标左键转动零部件到合适角度。在"旋转"选项区域中的"旋转" 列表框中可以有下列选项供操作：

"自由拖动"：选择零部件并沿任意方向拖动。

"对于实体"：选择实体，实体同样可以是直线、边或轴，然后绕实体转动。

"由三角形 XYZ"：选择零部件，在属性管理器中输入 ΔX，ΔY 和 ΔZ 的值，点击应用。零部件按照指定角度绕临时弹出的坐标系的 3 个坐标轴旋转。

（4）使用键盘上的方向键，可以旋转装配体；按住 Ctrl 键和方向键，使装配体平行移动；按住 Shift 键和方向键可以 90°旋转装配体。

图 9-10 "移动零部件"属性管理器

图 9-11 "旋转零部件"属性管理

9.3.4 删除装配零件

如果想要从装配体中删除零部件,可以按下面的步骤进行。

(1)在装配体的图形区域或特征管理器中单击想要删除的零部件。

(2)按键盘中的 Delete 键,或选择菜单栏中的"编辑"→"删除"命令,或单击鼠标右键,在弹出的快捷菜单中"删除"命令,此时会出现"删除确认"对话框。

(3)单击对话框中"是"按钮以确认删除,该零部件及其所有相关项目(配合、零部件阵列、爆炸步骤等)都会被删除。

9.4 配合类型

SolidWorks 系统的配合是在装配体零部件之间建立几何关系,例如共点、垂直、相切等。使用配合关系,可相对于其他零部件来精确地定位零部件,还可以定义零部件线性或旋转运动所允许的方向,只可在其自由度之内移动零部件,从而直观化装配体的行为。配合关系作为一个系统整体求解,所有的配合均在同时解出,并且与添加配合的顺序无关。在 SolidWorks 装配体中,可以选择三种配合类型:"标准配合""高级配合"和"机械配合"。

1. 标准配合

(1)"重合配合"。该配合会将所选择的面、边线及基准面(它们之间相互组合或与单一顶组合)重合在一条无限长的直线上或将两个点重合,定位两个顶点使它们彼此接触,重合配合效果如图 9-12 所示。

(2)"平行配合"。所选的项目会保持相同的方向,并且互相保持相同的距离。

(3)"垂直配合"。该配合会将所选项目以 90° 相互垂直定位。

(4)"相切配合"。所选的项目会保持相切(至少有一选择项目必须为圆柱面、圆锥面或球面),如图 9-13 所示。

图 9-12 重合配合效果

图 9-13 相切配合效果

(5)"同心配合"。该配合会将所选的项目位于同一中心点上,同轴心配合效果如图 9-14 所示。

(6)"距离配合"。所选的项目之间会保持指定的距离。单击此按钮,利用输入的数据确定配合件的距离。

（7）"角度配合" 。该配合会将所选项目以指定的角度配合。单击此按钮，则可输入一定的角度以便确定配合的角度。角度配合效果如图9-15所示。

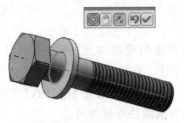
图9-14　同轴心配合

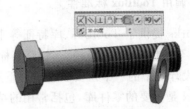
图9-15　角度配合

2. 高级配合

（1）"对称配合" ：用于使某零件的一个平面（一零件平面或建立的基准面）与另外一个零件的凹槽中心面重合，实现对称配合。

（2）"宽度配合" ：用于使某零件的一个凸台中心面与另外一个零件的凹槽中心面重合，实现宽度配合。

（3）"路径配合" ：用于使零件上所选的点约束到路径。可以在装配体中选择一个或多个实体定义路径，且可以定义零部件在沿路径经过时的纵倾、偏转和摇摆。

（4）"线性/线性耦合"：用于实现在一个零部件的平移和另一个零部件的平移之间建立几何关系。

（5）"限制配合" ：用于实现零件之间的距离配合和角度配合在一定数值范围内变化。

3. 机械配合（适用于常用机械零件之间的配合）

（1）"凸轮配合" ：用于实现凸轮与推杆之间的配合，且遵守凸轮与推杆的运动规律。

（2）"铰链配合" ：用于将两个零部件之间的移动限制在一定的旋转自由度内。

（3）"齿轮配合" ：用于齿轮之间的配合，实现齿轮之间的定比传动。

（4）"齿条小齿轮配合" ：用于齿轮与齿条之间的配合，实现齿轮与齿条之间的定比传动。

（5）"螺旋" 配合：用于螺杆与螺母之间的配合，实现螺杆与螺母之间的定比传动，即当螺杆旋转一周时，螺母轴向移动一个螺距的距离。

（6）"万向节" 配合：用于实现交错轴之间的传动，即一根轴可以驱动轴线在同一平面内且与其成一定角度的另外一根轴。

此处只是简单介绍各个配合命令的功能，具体作用可在以后操作中用心体会。

本书主要讲解关于安全阀装配体中零部件的配合关系，主要有同心 、重合 、平行 、垂直 、角度 、距离 、相切 等。

9.5　虚拟装配的其他操作

9.5.1　调用 ToolBox 标准件

SolidWorks 提供了 ToolBox、库特征等丰富的可重用建模单元，涵盖了螺母、螺栓、垫片等标准件，甚至还包括齿轮、管接头、管路等标准化零件。在装配体环境下直接调用标准零件，是提高产品设计效率的一个重要手段。可重用建模单元都位于任务窗格的设计库页面当中，其中 ToolBox 是重要的零件库，包括常用的结构件和紧固件等标准件。

首先需要激活 SolidWorks，ToolBox 和 SolidWorks ToolBox Browser 两个插件。选择"工具"→"插件"命令，或单击标准工具栏"选项"按钮处的下拉箭头，然后选择"插件"命令，弹出"插件"对话框，如图 9 - 15 所示。在此对话框中勾选"SolidWorks Toolbox"及"SolidWorks Toolbox Browser"两选项，再单击"确定"按钮，即可激活插件。

图 9 - 15　激活插件

这里以从设计库中调出安全阀中螺母 M5 GB/ 6170 — 2000 的过程为例。

（1）在 SolidWorks 操作界面右侧，单击 按钮使"设计库"任务窗格显示。

（2）展开"Toolbox" 菜单，然后选择合适的标准件类型，此处为 "GB"→"螺母"→"六角螺母"，该项目下所有类型螺母的图标都显示在任务窗格中，右击选择零件型号的图标，如"1 型六角螺母细牙 GB/T 6171 — 2000"，如图 9 - 16 所示在弹出的快捷菜单中选择"生成零件"命令。系统会自动打开螺栓的模型文件，并在操作界面生成预览，操作界面左侧出现"配置零部件"属性管理器。

（3）如图 9 - 17 所示，在"配置零部件"属性管理器中为零件设置合适的规格，单击"确定"按钮 。零件操作界面上的预览消失。

（4）点击菜单栏中的"窗口"命令，点击刚才生成的螺母的名称，打开该文件，螺母显示在操作界面中，如图 9 - 18 所示。

（5）由于 SolidWorks 中的标准件是在系统原有的零件模板基础上生成的，其单位不符合国际标准（GB）的要求，所以要重新定义该标准件的属性。一般包括以下两个方面：

1）文档属性。单击"选项"→"文档属性"→"自定义"，按照国标（GB）的要求，把"单位"中的"质量"单位由"克"改为"公斤"，如图 9 - 19 所示。

2）文件属性：选择菜单栏"文件"→"属性"→"摘要信息"→"自定义"修改其属性。图 9 - 20 所示是修改后的一个实例。

（6）将标准件保存到事先建好的装配体文件夹里，注意在保存的时候解除文件的"只读"属性，并将文件名修改成容易识别的名字，以便于文件管理。

完成了上面的操作之后，就可以像插入其他普通零部件一样将标准件插入到装配体环境中。为提高操作速度，插入标准件时可利用系统的智能配合的功能。方法是，按下鼠标左键，将标准件由 ToolBox 拖至欲安装的位置附近,此时系统会自动推理潜在的对象的规格及配合关系,并生成预览,如图 9-21(a)所示,释放左键,将插入的标准件定位,同时操作界面左侧弹出"配置零部件"属性管理器以设置插入标准件的规格,即可同时完成标准件的调入和配合操作,如图 9-21(b)所示。值得注意的是,在智能配合功能下,装配体设计树中会自动添加标准件与所配合零部件的配合关系。

图 9-16 生成零件

图 9-17 "配置零部件"属性管理器

图 9-18 生成的螺母

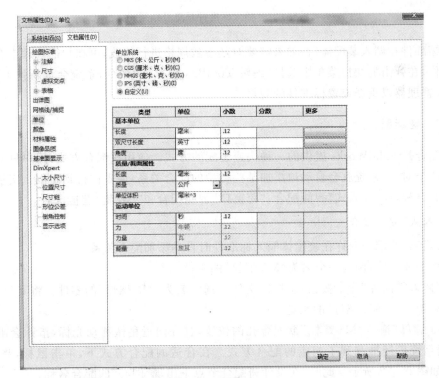

图 9-19 文档属性自定义

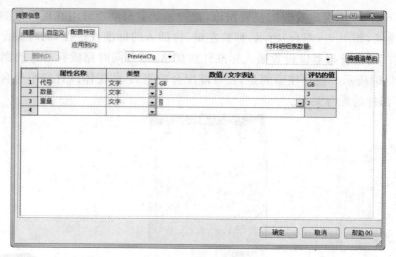

图 9-20　文件属性

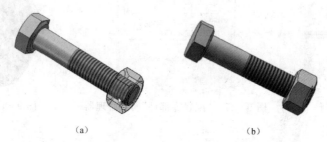

（a）　　　　　　　　　　　（b）

图 9-21　插入标准件预览及结果

　　标准件在调入装配体后，如果需要对其参数规格进行修改，可在特征管理中右击该标准件的名称，在弹出的快捷菜单中选择"编辑 ToolBox 零部件"命令，系统会重新弹出"配置零部件"属性管理器以重新设置标准件的规格。

9.5.2　智能配合

　　智能配合是 SolidWorks 提供的一种快速装配的方式。使用该配合方式，用户只要选择需要配合的两个对象，系统就会自动地添加某些类型的配合关系，使零件得到定位。实现智能配合的方式有 3 种，即"插入式"智能配合、"跨窗口"智能配合和"Alt 键"智能配合。

1."插入式"智能配合

"插入式"智能配合允许在装配体插入标准件时自动添加配合关系。

　　进入装配体环境，调入一个名为"M5 螺栓"的零件。

　　单击"插入零部件"命令按钮，从指定文件夹选中名为"M5 螺母"的零件。将其打开，图形区光标上附着一个"M5 螺母"的预览。

　　将"M5 螺母"拖至"M5 螺栓"欲配合孔的位置，且在附近稍微移动光标，指针会出现不同形状，表明系统已经推测到了相应的配合方式。在合适的配合方式下，单击鼠标，将"M5 螺母"定位，如图 9-22 所示。此时，在设计树配合节点下出现"同心"的配合名称。

　　注意，此种智能配合方式仅限于与 ToolBox 中标准件的配合。

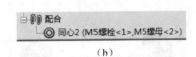

图 9-22　"M5 螺母"与"M5 螺栓"

2. "跨窗口"智能配合

"跨窗口"智能配合允许从一个零件窗口向另外一个装配体文件窗口调入零件时自动添加配合关系。

(1)进入装配体环境,插入一个名为"M5 螺栓"的零件。

(2)打开名为"M5 螺母"的零件。

(3)选择菜单栏"窗口"→"纵向平铺",将窗口设置为纵向平铺的形式。此时系统打开了两个窗口:一个是装配体窗口,另一个是零件窗口。调整装配体窗口与零件窗口至合适的的大小,使它们均显示在操作界面中,如图 9-23 所示。

(4)在"M5 螺母"的窗口中,点击内螺纹孔,将零件跨窗口拖动至"M5 螺栓"零件欲生成配合的位置,并在附近稍微移动光标指针会出现不同形状,表明系统推测到了不同的配合,在合适的配合方式下,单击鼠标,将"M5 螺母"定位。此时装配体特征管理器中自动添加该螺栓与螺母的"同心"配合关系。

注意:多窗口模式下,在某个窗口中进行操作,应在该窗口的图形区域中单击,将其激活。

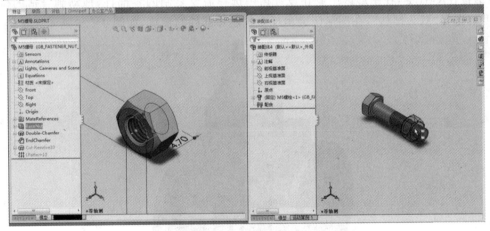

图 9-23　跨窗口智能配合

3. "Alt 键"智能配合

"Alt 键"智能配合允许已经插入到装配体环境的两个零件自动添加配合。

(1)将名为"M5 螺栓"和"M5 螺母"的零件依次插入装配体环境,如图 9-24 所示。

(2)按住 Alt 键,在图形区域选择"M5 螺母"的内螺纹孔或上下表面的圆形边线,将其拖动至"M5 螺栓"零件欲产生配合的位置,并在附近稍微移动光标,指针会出现不同形状,表明系统推测到了相应的配合,如图 9 - 25 所示,推测到"同心"配合时指针形状变为 ,单击鼠标,将"M5 螺母"定位。特征管理器中自动添加螺栓与螺母的"同心"配合关系。

Alt 键智能配合分式较为灵活,操作方便。

图 9 - 24 插入零件

图 9 - 25 智能配合预览

9.5.3 零部件操作

在装配过程中,用户会经常遇到一个零部件在装配环境下多次调用,如安全阀上"双头螺柱"等。此时不必一次一次地调取、插入并添加配合关系,SolidWorks 允许用户在装配体重对零部件进行复制、阵列和镜像操作,快速完成零部件的装配。

1.零部件的复制

SolidWorks 允许用户复制已经在装配环境中存在的零部件。下面以安全阀中"双头螺柱"的复制为例。

(1)装配安全阀过程中,在适当时刻调入"双头螺柱",并添加与阀体螺纹孔的"同轴心"和"重合"配合关系。

(2)按住 Ctrl 键,在图形区中或在设计树中选择需要复制的零部件,拖动到合适的位置。这里我们选择"双头螺柱",在图形区会出现要复制零部件的预览,如图 9 - 26 所示。

图 9 - 26 复制"双头螺柱"

(3)在合适的位置单击,则可以完成零部件的复制。值得注意的是,设计树中增加了一个"双头螺柱"零件,其前缀(—)表示所复制的零件呈不完全定位状态,其后缀<2>表示所复制的零件是此装配体中第二个。

2. 零部件的阵列

零部件阵列分为"线性阵列""圆周阵列""特征驱动阵列"。如果装配体中具有相同的零件,并且这些零件按照某种阵列的方式排列,可以使用相应的命令进行操作。三种阵列方式大致相同,此处仅以"双头螺柱"的阵列为例。

装配安全阀过程中,在适当时刻调入"双头螺柱",并添加与阀体螺纹孔的"同轴心"和"重合"配合关系,如图 9-26 所示。

(1)单击装配体工具栏中的"圆周零部件阵列"按钮 🔳,弹出"圆周阵列"属性管理器。

(2)在属性管理器中各选项区域中选择合适的选项,图 9-27 中为所选实例及阵列预览,点击"确定",即可完成阵列。

阵列完成后,设计树也发生了变化,添加了"局部圆周阵列",如图 9-28 所示。

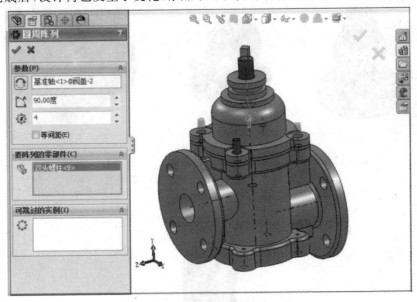

图 9-27　圆周阵列预览

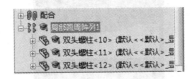

图 9-28　局部圆周阵列

9.5.4　子装配体操作

当一个装配体是另一个装配体的零部件时,则称它为子装配体。用户可以多层嵌套子装配体,以反映设计的层次关系。在零部件的装配图中,对于大多数操作而言,可以把子装配体当作一个零部件来处理。在 SolidWorks 中,提供多种方法来产生、修改和解散子装配体本身及其层次关系。

1.子装配体的生成

SolidWorks 提供以下 3 种方法用以生成子装配体。

(1)进入装配体环境中生成一个装配体 A,然后将它插入到另一个装配体 B 中,则装配体 A 成为装配体 B 的子装配体。

(2)当一个装配体中已经含有多个零部件时,可以通过选择一组已经存在于装配体中的零部件来生成一个新的装配体,这个新装配体就是原有装配体的子装配体。

(3)在已有装配体文件中采用插入新零部件的方法,调入一个新装配体,这个新装配体就成为原有装配体的子装配体。但开始时该子装配体为空,可以用重组子装配体的方法,向其中添加零部件。

若有 3 个零件,名称分别为"轵流内腔""轵流外腔""波导",如图 9-29 所示,现将 3 个零件装配成如图 9-30 所示的装配体,且"轵流外腔"和"波导"组成一个子装配体。

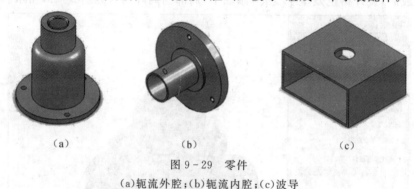

(a)   (b)   (c)

图 9-29　零件

(a)轵流外腔;(b)轵流内腔;(c)波导

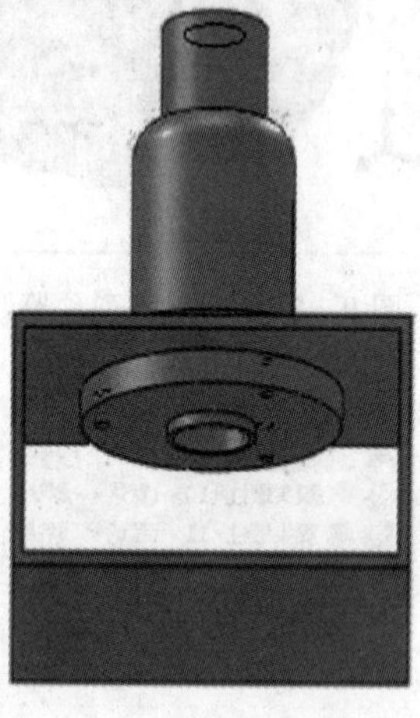

图 9-30　装配结果

首先以第一种方法介绍子装配体的操作。具体操作步骤如下。

(1)在装配体环境内分别插入"轵流外腔"和"波导",且添加相应的配合,生成文件名为"组件"的装配体,如图 9-31 所示。

(2)建立名为"总装"的装配体文件,依次调入"轵流内腔"和装配体"组件",并添加相应的配合关系,如图 9-32 所示。

在设计树中可以看到,名为"轭流内腔"和名为"组件"的装配体组成了新的装配体,即总装配体。其中,"轭流外腔"和"波导"装配而成的"组件"是总装配体的子装配体。

再以第二种方法为例,介绍第二种子装配体的生成方法。

(1)建立名为"总装"的装配体文件,一次调入"轭流内腔""轭流外腔"和"波导",并添加相应的配合关系,如图 9-33 所示。

(2)在设计树中,选择用来生成子装配体的零部件,按住 Ctrl 键,依次选择"轭流外腔"和"波导"两个零件并右击鼠标,在弹出的快捷菜单中选择"在此生成新子装配体"命令,如图 9-34 所示。或选择"插入"→"零部件"→"以(所选)零部件生成装配体"。

(3)系统弹出"另存为"文件的对话框,在"文件名"一项中输入子装配体的名称"组件",浏览到指定文件夹。单击"保存"按钮,将新建子装配体文件保存到指定文件夹。

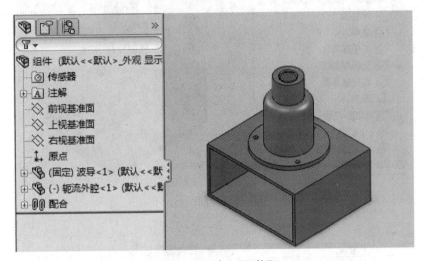

图 9-31　建立"组件"

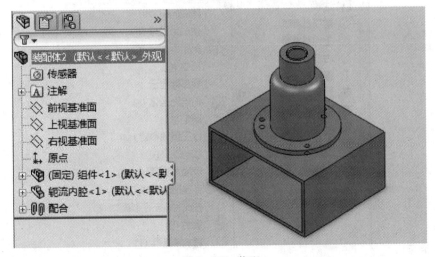

图 9-32　装配

比较图9-33和图9-30所示的装配体组成完全一样,但在各自的设计树中,各零件的层次关系是不一样的。图9-30中"轭流内腔""轭流外腔""波导"组成装配体,3个零部件处于同一层次。而在图9-30中,"轭流内腔"和"组件处于同一层次,组成"总装"。"轭流外腔"和"波导"处于同一层次,组成"组件","组件"是"总装"的子装配体。

子装配体的存在对总装配体工程图的零件序列号和明细表是有影响的,子装配体以一个序号和名称进入工程图及明细表、子装配体解散后,组成子装配体的各零部件以各自零部件名进入总装配体,设计树中零件的节点数量增加,总装配体工程图及明细表中的零件序号和数量也是相应地增加。

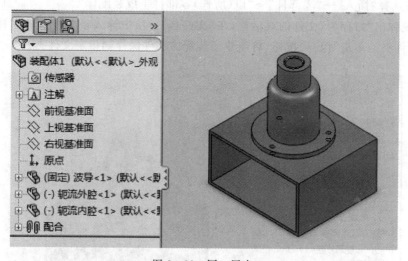

图 9-33　同一层次

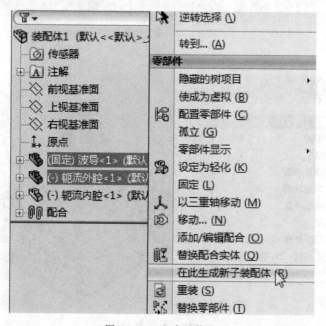

图 9-34　生成子装配

2.编辑子装配体

若要对子装配体进行编辑,可以在总装配体环境中将其打开,编辑保存后返回。Solid-Works 还允许在不退出总装配体的状态下对子装配体进行编辑,以图 9 - 32 为例说明如下。

(1)单击设计树中"组件"节点,系统弹出如图 9 - 35 所示的关联工具栏,单击"编辑装配体"命令按钮,"组件"节点名称呈蓝色显示,进入编辑状态,如图 9 - 36 所示。在图形区处于编辑状态之外的零部件为透明显示。

(2)单击设计树"组件"配合节点,将其展开,如图 9 - 37 所示。此时,可以进行子装配体的编辑。例如可将配合关系中的"重合"更改为"距离",并输入距离值。编辑后的子装配体如图 9 - 38 所示。

(3)再次单击工具栏的"编辑装配体"命令按钮,退出子装配体的编辑状态,如图 9 - 39 所示。从图中可以看出,在总装配体中实现了子装配体的编辑。

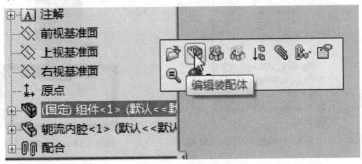

图 9 - 35   编辑子装配体

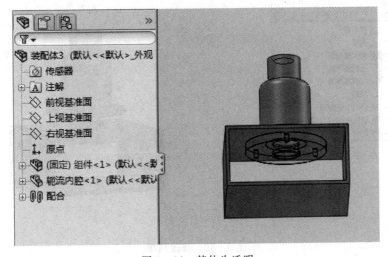

图 9 - 36   其他为透明

3.解散子装配体

在 SolidWorks 的装配体中,可以将一个子装配体还原为若干个零部件,从而将零部件在装配体层次关系向上移动一个层次。下面解散上述子装配体的例子。

(1)在设计树中右击想要还原的"组件"子装配体节点,在弹出的快捷菜单中选择"解散子装配体"命令,如图9-40所示。

(2)命令执行后,子装配体本身被解散,其所属零部件还原成为直属总装配体的零部件,如图9-41所示。

解散子装配体是生成子装配体的逆操作。

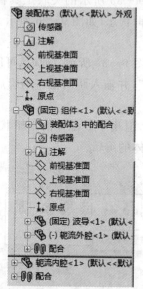

图9-37　编辑子装配体时的设计树

图9-38　"距离"配合

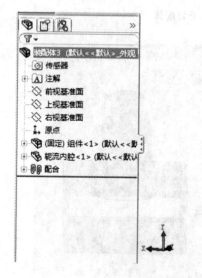

图9-39　修改结果

9.5.5　装配体统计及干涉检查

1.装配体统计

使用"装配体统计"命令,可以报告出装配体文件的一些统计资料。调用装配体统计命令的操作很简单。

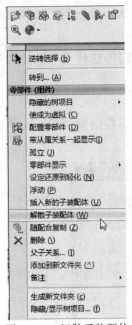

图 9-40　解散子装配体

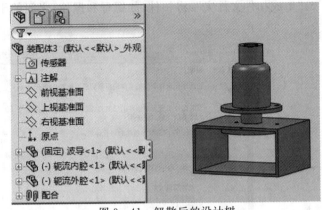

图 9-41　解散后的设计树

（1）打开装配体文件"安全阀"。

（2）单击工具栏"AssemblyXpert"命令按钮（若工具栏中没有此按钮用户可以自己定义），或选择菜单栏"工具"→"AssemblyXpert"选项，系统弹出"AssemblyXpert"对话框，如图 9-42 所示。

（3）阅读完毕后，单击"确定"按钮关闭对话框。

2. 干涉检查

在机械设计中，干涉检查是一个重要的环节，是避免设计失败的有效工具。在一个复杂的装配体中，使用二维 CAD 软件来实现干涉检查几乎是不可能的。设计时只能凭借二维图纸并充分发挥空间想象来检查零部件之间是否有干涉现象，操作起来非常困难。而 SolidWorks 为用户提下面以一个简单的装配体为例来说明"干涉检查"的具体操作步骤。

（1）新建装配体文件，插入两个分别名为"阀体"和"阀门"的零件，手动拖动两零部件至干涉位置。

（2）单击装配体工具栏中的"干涉检查"按钮 ，或选择菜单栏"工具"→"干涉检查"命令，系统弹出"干涉检查"属性管理器，并且图形窗口的装配体被一棕色线框包围，如图 9-43 所示。

供了高效的干涉检查工具。在装配体完成之后，用户可以轻松愉快地检查零部件之间的干涉情况。

（3）单击"干涉检查"属性管理器中的"计算"按钮，在图形区显示干涉的部位，在属性管理器的"结果"框显示干涉的体积的大小，如图 9-44 所示。

"干涉检查"属性管理中"选项"区域中各选项的含义如下。

1）"视重合为干涉"：将重合实体报告为干涉。

2)"显示忽略的干涉":选择在结果区域中以灰色图标显示忽略的干涉。当不选择此选项时,忽略的干涉将不列举。

3)"视子装配体为零部件":选择此项,子装配体被看成单一零部件,这样子装配体的零部件之间的干涉将不列出。

4)"包括多体零部件干涉":透明模式显示所选干涉的零部件。

5)"生成扣件文件夹":将扣件(如螺母和螺栓)之间的干涉隔离为在结果区域下的单独文件夹。

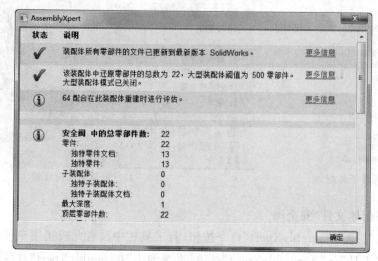

图9-42 统计结果

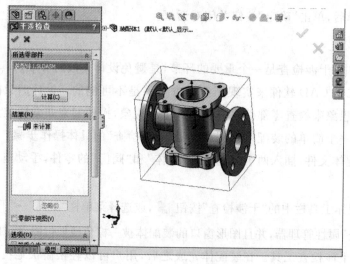

图9-43 干涉属性管理器

3.质量属性

"质量属性"功能可以快速计算装配体和其中零部件的质量、体积、表面积和惯性矩等。计算装配体"安全阀"或其中零部件的质量属性的一般操作步骤如下。

(1)打开装配体文件。选择要计算的零部件,单击工具栏中的"质量特性"按钮,或选择菜单栏"工具"→"质量特性"命令。

(2)系统弹出如图9-45所示的"质量特性"属性管理器,其中显示了所计算零部件的质量、体积、表面积和惯性矩等,零件的惯性主轴和质量中心则显示在图形区中。

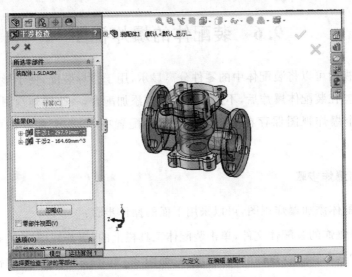

图9-44 干涉计算结果

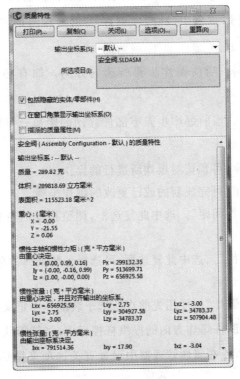

图9-45 质量特性

(3)若要计算另外一个零件的质量特性,不必关闭"质量特性"属性管理器,在"所选项目"中删除原有的零部件,重新选择要计算的零部件,单击"重算"按钮即可。

若要计算整个装配体的质量特性,只需打开装配体文件,直接单击工具栏中的"质量特性"按钮即可。

9.6　装配体的爆炸视图

装配体爆炸视图可以将装配体中的零件分离显示,用于指导装配,便于形象的分析零部件之间的装配关系。在装配体爆炸后,不能再给装配体添加配合,一个爆炸视图包括一个或多个爆炸步骤,每一个爆炸视图保存在所生成的装配体配置中,每一个配置都可以有一个爆炸视图。

9.6.1　添加爆炸步骤

如果要对装配体添加爆炸视图,可以采用下面的操作步骤:

(1)打开所要爆炸的装配体文件,单击装配体工具栏上的"爆炸视图" 按钮,或选择"插入"→"爆炸视图"命令,弹出"爆炸"属性管理器,如图 9 - 46 所示。"爆炸"属性管理器中有关选项的含义如下。

1)"爆炸步骤的零部件" 列表框。在图形区域或特征管理器中选择一个或多个零部件,以将其包含在第一个爆炸步骤中,此时操纵杆 出现在图形区域中(可以拖动操纵杆中心,将操纵杆移至其他位置)。

2)"爆炸方向"按钮 。当前爆炸步骤所选的方向。如有必要,单击此按钮可以改变方向。

3)"爆炸距离"按钮 。当前爆炸步骤零部件移动的距离。可根据零部件之间的相对位置来选择合适的距离。

4)"应用"。单击此按钮,可预览对爆炸所进行的操作。

5)"完成"。单击此按钮,可完成新的或已更改的爆炸步骤。

6)"拖动后自动调整零件间距"。选中此复选框,调整拖动后可自动调整间距放置的零部件之间的距离。

7)"选择子装配体的零件"。选中此复选框,可选择子装配体的单个零件;取消选中此复选框,只能选择此装配体。

8)"重新使用子装配体爆炸"。使用先前在所选子装配体中定义的爆炸步骤。

(2)将指针移到指向零部件爆炸方向的操纵杆控标上,指针形状变为 。

(3)拖动操纵杆的控标,或在属性管理器中设置有关选项来爆炸零部件,爆炸步骤名称出现在"爆炸步骤"区域中。

(4)在设定完成的情况下,单击"完成"按钮,"爆炸步骤的零部件" 列表框中的内容清除,而且为下一爆炸步骤作准备。

(5)根据需要生成更多爆炸步骤,为每一个零部件或一组零部件重复这些步骤,在定义每一步骤后,单击"完成"按钮,如图 9-47 所示为生成的安全阀爆炸图。

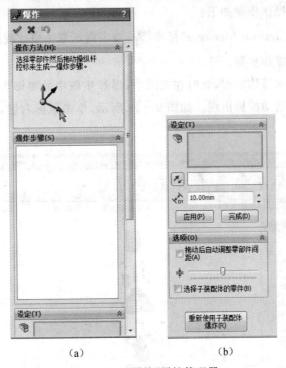

（a）　　　　　　　　　　（b）

图 9-46　"爆炸"属性管理器

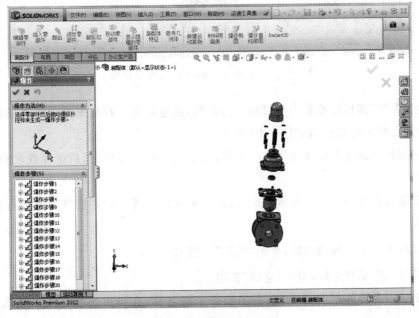

图 9-47　安全阀爆炸视图

（6）当对此爆炸视图满意时，单击"确定"按钮完成爆炸。

9.6.2 编辑爆炸

编辑爆炸视图，其操作步骤如下：

（1）在单击"Configuration Manager"标签 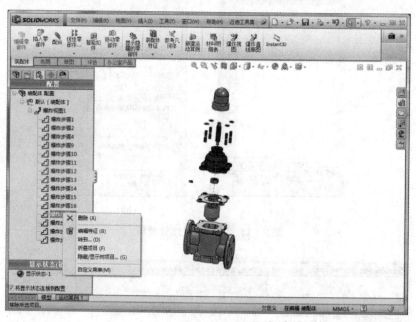，双击激活双击爆炸视图名称，使装配体以爆炸视图显示，同时展开爆炸步骤。

（2）选择所要编辑的爆炸步骤，此时在视图中，爆炸步骤中的要爆炸的零部件为紫色高亮显示，爆炸方向及蓝色拖动控标出现。如图 9-48 所示，单击鼠标右键，在弹出的快捷菜单中选择"编辑步骤"命令。

图 9-48　Configuration Manager 设计树

（3）可在"爆炸"属性管理器中编辑相应的参数，或拖动蓝色控标来改变距离参数，直到零部件达到所想要的位置为止，如图 9-49 所示。

（4）改变要爆炸的零部件或要爆炸的方向，单击相对应的方框，然后选择或取消选择所要的项目。

（5）要清除所爆炸的零部件并重新选择，在图形区域选择该零件后单击鼠标右键，再选择"清除"命令。

（6）撤消对上一个步骤的编辑，单击"撤消"按钮 。

（7）编辑每一个步骤之后，单击"应用"按钮。

（8）要删除一个爆炸视图的步骤，右击操作步骤名称，在弹出的快捷菜单中选择"删除"命令。

（9）单击"确定"按钮，即可完成爆炸视图的修改。

9.6.3 爆炸视图与解除爆炸

爆炸视图保存在生成它的装配体配置中,每一个装配体配置可以有一个爆炸视图,如果要爆炸视图或解除爆炸视图,可采用下面的步骤:

(1)单击 Configuration Manager 标签 。

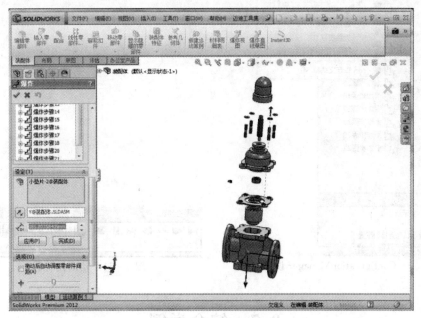

图 9-49 编辑爆炸步骤

(2)单击所需配置旁边的 ⊞,在爆炸视图特征旁单击以查看爆炸步骤。

(3)欲爆炸视图,采用下面任意一种方法:

1)双击爆炸视图名称。

2)右击爆炸视图特征名称 ,然后在弹出的快捷菜单中选择"爆炸"命令,如图 9-50 所示。

3)右击爆炸视图特征名称,然后在弹出的快捷菜单中选择"动画爆炸"命令,装配体爆炸即以动画形式呈现,同时动画控制器工具栏弹出,如图 9-51 所示。

(4)若想解除爆炸,采用下面的任意一种方法,解除爆炸状态,恢复装配体原来的状态。

1)双击爆炸视图特征。

2)右击爆炸视图特征名称 ,然后在弹出的快捷菜单中选择"解除爆炸"命令,如图 9-51 所示。

3)右击爆炸视图特征名称,然后在弹出的快捷菜单中选择"动画解除爆炸"命令,装配体爆炸即以动画形式呈现,同时动画控制器工具栏弹出,如图 9-51 所示。

图 9-50　ConfigurationManager 设计树　　　　图 9-51　动画控制器

9.7　综合举例

9.7.1　认识零件模型

安全阀的装配需要如下零件模型:阀体、阀门、弹簧、弹簧托盘、螺杆、垫片、阀盖、M10 螺母、双头螺柱、小垫片(×4)、M5 螺母(×4)、罩、紧定螺钉,如图 9-52 所示。

9.7.2　装配安全阀

认识了各种所需零部件之后,来进行安全阀的装配。

(1)将第一个零件插入到装配体中,成为固定零件。

单击"文件"→"新建"→"装配体"→"确定"命令,打开装配体操作界面并弹出"插入零部件"属性管理器,点击"浏览"进入"打开"对话框,从中打开"阀体. sldprt"零件,在图形区域中移动光标到装配体文件的原点上,单击鼠标将该零件放在原点。"阀体"零件默认为"固定"状态,如图 9-53 所示。

图 9 - 52　安全阀零件

(a)M10 螺母；　(b)M5 螺母；　(c)弹簧；　(d)弹簧托盘；　(e)垫片；　(f)阀门；　(g)罩；

(h)紧定螺钉；　(i)螺杆；　(j)双头螺柱；　(k)小垫片；　(l)阀盖；　(m)阀体

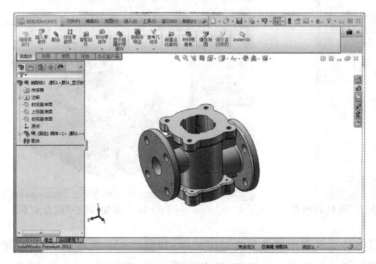

图 9 - 53　插入第一个零件

(2)插入阀门。

1)点击装配体工具栏中的"插入零部件"按钮 ，点击"浏览按钮"，打开"阀门.sldprt"零件，并在图形区域中单击鼠标，将该零件放置于装配体便于观察的位置，如图 9-54 所示。

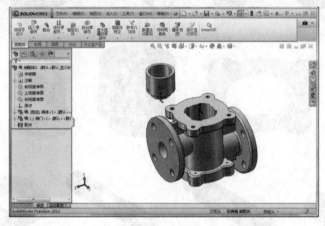

图 9-54　插入阀门

2)添加装配关系。点击装配体工具栏中的"配合"按钮 ，系统弹出"配合"属性管理器如图 9-55 所示。

3)选择阀门的侧面和阀体的内壁面为配合面(系统会默认"同轴心")，在"配合"属性管理器中的"标准配合"选项区域或图形窗口中选择"同轴心"按钮 ，图形窗口中"阀门"移至与"阀体"同轴心位置，如图 9-56 所示，点击"确定"按钮 。

图 9-55　"配合"属性管理器

图 9-56　添加"同心"配合关系

4)选择阀门的外底面和阀体上与之对应的面，如图 9-57 所示，在"配合"属性管理器中的"标准配合"选项区域或图形窗口中选择"重合" 按钮，图形窗口中"阀门"移至与"阀体"重合位置,如图9-58所示,点击"确定"按钮  。

图9-57 选取配合面(剖视)　　　　图9-58 添加"重合"配合关系(剖视)

(3)插入弹簧。

1)点击装配体工具栏中的"插入零部件"按钮 ，点击"浏览按钮",打开"弹簧.sldprt"零件,这里采用第8章中给出的变螺距弹簧,其中弹簧的高度由一个全局变量"a"来决定,在装配界面的图形窗口中单击任意位置,如图9-59所示。

2)添加装配关系。单击"视图"→"草图" 命令,点击装配体工具栏中的"配合"按钮 ，系统弹出"配合"属性管理器。添加弹簧轴线草图(草图8)与阀门轴线的"重合关系",然后添加弹簧底面与阀门内腔底面的"重合" 关系,结果如图9-60所示。

3)为了将弹簧压缩到装配时需要的长度,需对弹簧进行编辑。在特征管理器中选中弹簧名称并右键单击,在弹出的关联工具栏中选择"编辑"按钮 ，然后选中"a"值并右键单击,在弹出的快捷菜单中选择"管理方程式"命令,如图9-61所示。在弹出如图9-62所示的"方程式、变量及尺寸"窗口中,将"a"值改成40,点击"确定"按钮,然后点击装配体工具栏中的"编辑零部件"按钮 ，退出零件编辑,效果如图9-63所示。

图9-59 插入弹簧　　　　图9-60 添加配合关系

图9-61 弹簧的特征管理器

图 9-62　"方程式、整体变量及尺寸"窗口

　　(4)此后便依照"插入零部件"→"选择零部件"→"添加约束"的步骤依次进行弹簧托盘(见图 9-64)、垫片(见图 9-65)、螺杆(见图 9-66)、阀盖(见图 9-67)、阀帽(见图 9-68)M5 螺母、小垫片、双头螺柱(见图 6-69)、紧定螺钉(见图 9-70)的装配,此处不再一一赘述。

　　完成的安全阀装配图如图 9-71 所示。

图 9-63　调整后的弹簧

图 9-64　装配弹簧托盘

图 9-65　装配螺柱、螺母及垫片

图 9-66　装配螺杆

图 9-66　装配螺杆

图 9-67　装配阀盖

图 9-68　装配阀帽

图 9-69　装配 M10 螺母

图 9-70　装配紧定螺钉

需要注意的是,安全阀中涉及标准件的使用,我们可以自行建模,为提高速度,对于标准件,也可以通过从设计库中调取零部件达到装配的目的。

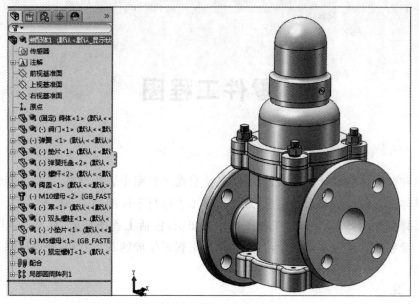

图 9-71 安全阀装配图

9.8 小结

本章介绍了有关装配体设计方面的知识,包括如何创建装配体文件,各种配合类型的介绍,如何使用 ToolBox 插入标准件,如何进行装配干涉检查与统计,如何生成装配体的爆炸视图等,最后以安全阀的装配为例进行了综合举例。

第10章

零件工程图

在零件和装配体的设计完成后,需要将其信息在工程图中表达出来,这样才能向工程技术人员传递具体的几何形状和尺寸信息,最终指导工人进行零件的加工和装配。

本章将详细介绍 SolidWorks 工程图的相关知识,包括工程图环境、标准三视图及其他试图的生成。希望读者通过本章的学习,能够掌握工程图生成的基本方法,并通过练习掌握其中的一些技巧。

10.1 工程图概述

在 SolidWorks 中,利用生成的三维零件图和装配体图,可以直接生成工程图。其后便可对其进行尺寸标注,并表面粗糙度符号及公差配合等。

也可以直接使用二维几何绘制生成工程图,而不必考虑所设计的零件模型或装配体,所绘制出的几何实体和参数尺寸一样,可以为其添加多种几何关系。

工程图文件的扩展名为.slddrw,新工程图名称是使用所插入的第一个模型的名称,该名称出现在标题栏中。

10.1.1 "工程图"工具栏

"工程图"工具栏用于提供对齐尺寸及生成工程视图的工具,如图 10-1 所示。一般来说,工程图包含几个由模型建立的视图,也可以由现有的视图建立视图。例如,剖面视图是由现有的工程视图所生成的,这个过程是由这个工具栏实现的。

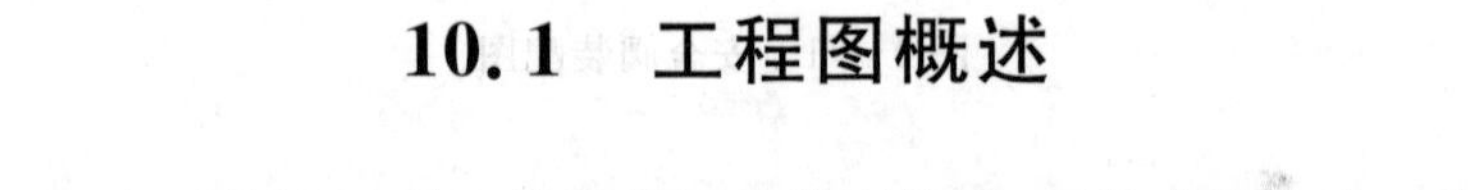

图 10-1 工程图工具栏

"工程图"工具栏的具体操作恰年的章节,这里介绍工具栏中各个选项的含义。

(1) 模型视图:根据现有零件或装配体添加正交或命名视图。

(2) 投影视图:从一个已经存在的视图展开新视图而添加一投影视图。

(3) 辅助视图:从一线性实体(边线、草图实体等)通过展开一新视图而添加一视图。

(4) ⚏ 剖面视图:以剖面线切割父视图来添加一剖面视图。

(5) ⚏ 旋转剖视图:使用在一角度连接的两条直线来添加对齐的剖面视图。

(6) ⚏ 局部视图:添加一局部视图来显示一视图某部分,通常放大比例。

(7) ⚏ 相对视图:添加一个由两个正交面或基准面及其各自方向所定义的相对视图。

(8) ⚏ 标准三视图:添加三个标准、正交视图。视图的方向可以为第一角或第三角。

(9) ⚏ 断开的剖视图:将一断开的剖视图添加到一显露模型内部细节的视图。

(10) ⚏ 水平折断线:给所选视图添加水平折断线。

(11) ⚏ 竖直折断线:给所选视图添加竖直折断线。

(12) ⚏ 剪裁视图:剪裁现有视图以只显示视图的一部分。

(13) ⚏ 交替位置视图:添加一显示模型配置置于模型另一配置之上的视图。

(14) ⚏ 空白视图:添加一常用来包含草图实体的空白视图。

(15) ⚏ 预定义视图:添加以后以模型增值的预定义正交、投影或命名视图。

(16) ⚏ 更新视图:更新所选视图到当前参考模型的状态。

10.1.2 工程图选项设置

在 SolidWorks 系统中可通过设定相关的“系统选项”和“文档属性”,使得 SolidWorks 生成的工程图样满足自身的需要。

选择菜单栏“工具”→“选项”→“系统选项”→“工程图”,系统弹出“工程图”选项框,或单击标准工具栏上的选项 ⚏ 。

下面罗列出了所有的“工程图”选项的简要说明。对于初学者来说,无须全部加以理解,选择系统的默认设置即可。

系统选项保存在注册表中,它不是文件的一部分。因此,这些选项会影响当前和将来的所有文件。

文件属性只适用于当前文件。文件属性标签仅在文件打开时才可用。新文件从用于生成文件的模板文件属性中获得其文件设置(例如单位、图像品质等等)。

“系统选项-显示类型”选项框如图 10-2 所示。

(1)在新视图显示样式:

“线架图”:以一种线型显示所有边线。

“隐藏线可见”:显示可见的边线和隐藏的边线。

“消除隐藏线”:只显示可见的边线,不显示不可见的边线。

“带边线上色”:在消除隐藏线的显示模式下,将模型各面以默认或指定的颜色显示。

“上色”:以上色模式显示模型表面,且不显示模型边线切边为曲面与曲面或曲面与平面相切时生成的切线。如在使用“圆角”命令时,圆角的圆弧面与平面之间生成的切线。制图标准(GB)中规定不显示切边。

(2)在新视图中显示切边：

"可见"：切边显示为实线。

"使用字体"：使用在工具、选项、文件属性、线型中定义的切边默认线型的直线（必须在工程图文件为激活状态时才能访问此选项）。

"移除"：切边不显示。

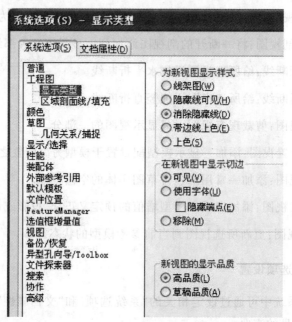

图 10-2   "系统选项-显示类型"选项框

(3)新视图的显示品质：

"高品质"：模型被还原。

"草稿品质"：模型为轻化，用来加快大型装配体的性能。

"文档属性"有关工程图的选项设置，常用于设计工程图模板。当用户使用自己设计的工程图模板时，则在工作过程中一般不必对其进行调整。若用户在生成工程图时有一些特殊需求，如改变标注字体的大小、尺寸界线、箭头的形式等，可对有关工程图的选项作重新的设置。"绘图标准"选项下面又包含了"注释""尺寸""中心线/中心符号线""表格""视图标号""虚拟交点"等选项类型。由于在"绘图标准"选项框中涉及的内容太多，只对部分选项进行介绍，其他的建议用户选择默认选项。

"注解"：用来设置零件序号、基准点、形位公差、注释、表面粗糙度、焊接符号等样式。

"尺寸"：用来设置尺寸的文字、引线、箭头样式、公差、角度、弧长、倒角、直径、半径、孔标注样式等。单击"文本"栏"字体"按钮，弹出"选择字体"选项框，应选择国标（GB）规定的仿宋字体。

"表格"：用于设置材料明细表、普通、孔、修订等的表格样式。

"视图标号"：用于设置辅助视图、局部视图、剖面视图等的字体、线条样式。

"虚拟交点"：用于设置虚拟交点的显示样式。

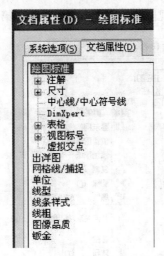

图 10-3　"文档统属性－绘图标准"选项框

10.1.3　设定图纸格式

1. 图纸格式

当打开一幅新的工程图时,必须选择一种图纸格式。图纸格式可以采用标准图纸格式,也可以自定义和修改图纸格式。标准图纸格式包括至系统属性和自定义属性的链接。图纸格式有助于生成具有统一格式的工程图。工程图视图格式被视为 OLE 文件,因此能嵌入如位图之类的对象文件中。

图纸格式包括图框、标题栏和明细栏。如果要选择一种图纸格式,可采用下面的步骤:

(1)单击"标准"工具栏上的新建 📄 按钮。

(2)择"工程图" 🗒 ,然后单击"确定"按钮。

(3)从下列选项中选择其中之一,然后再单击"确定"按钮。

1)标准图纸大小:选择一标准图纸大小,或单击浏览找出自定义图纸格式文件。

2)显示图纸格式(可为标准图纸大小使用):显示边界、标题块等。

3)标准图纸大小:指定一宽度和高度。

2. 修改图纸属性

在特征管理器中右击图纸的图标,或右击工程图图纸的空白区域,或右击工程图窗口底部的图纸标签,然后从快捷菜单选择"属性"命令,如图 10-4 所示,将出现如图 10-5 所示的"图纸属性"对话框。

"图纸属性"对话框中各选项的含义如下所述:

(1)"基本属性"选项:

"名称"选项:激活图纸的名称,可按需要编辑名称,默认为图纸 1、图纸 2、图纸 3 等。

"比例"选项:为图纸设定比例。注意比例是指图中图形与其实物相应要素的线性尺寸之比。

　　"投影类型"选项：为标准三视图投影，选择第一视角或第三视角，国内常用的是第三视角。

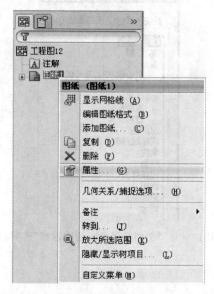

图 10 - 4 "属性命令"

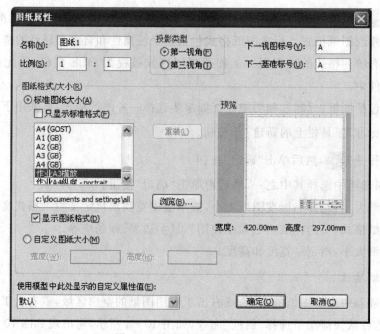

图 10 - 5 "图纸属性"对话框

　　"下一视图标号"选项：指定将使用在下一个剖面视图或局部视图的字母。

　　"下一基准名称"选项：指定要用作下一个基准特征符号的英文字母。

　　(2)"图纸格式/大小"选项：

　　"标准图纸大小"选项：选择一标准图纸大小，或单击浏览找出自定义图纸格式文件。

"重装"选项:如果对图纸格式作了更改,单击以返回到默认格式。

"显示图纸格式"选项:显示边界、标题块等。

"标准图纸大小"选项:指定一宽度和高度。

(3)"使用模型中此处显示的自定义属性值"选项。如果图纸上显示一个以上模型,且工程图包含链接到模型自定义属性的注释,则选择包含想使用属性模型的视图。如果没有另外指定,将使用插入到图纸的第一个视图中的模型属性。

10.2　标准三视图和命名视图

在完成图纸的相关设定之后,就可以建立相应的工程视图。标准工程视图包括标准三视图、模型视图、相对视图。

10.2.1　标准三视图

"标准三视图"用于同时建立三个默认的正交视图,即主视图、俯视图和左视图。主视图与俯视图及左视图有固定的对齐关系。俯视图可以竖直移动,左视图可以水平移动。选择菜单栏"插入"→"工程视图"→"标准三视图"命令,或单击常用工具栏中的"视图布局"→"标准三视图"按钮,在弹出的属性管理器中单击"浏览",浏览至欲建立工程图的零件或装配体文件,并将其打开,图形区域会自动生成三个默认的正交视图。

进入工程图绘制窗口,其操作步骤如下:

(1)单击"标准"工具栏上的"新建"按钮 🗋,或选择菜单栏中的"文件"→"新建"命令,出现如图 10-6 所示"新建 SolidWorks 文件"对话框。

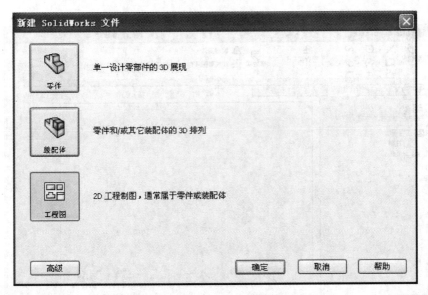

图 10-6　"新建 SolidWorks 文件"对话框

(2)在"新建 SolidWorks 文件"对话框模板标签上单击"工程图"图标,然后单击"确定"按钮,或双击"工程图"图标,即可弹出如图 10-7 所示的"图纸格式/大小"对话框。单击"浏览",

选择要打开的模板,这里选择先前已经做好的模板,如图 10-8 所示。

这里以减压阀阀门为例,生成标准三视图的操作步骤为:

1)打开零件或装配体文件,或打开含有所需模型视图的工程图文件。

2)新建工程图文件,并指定所需的图纸格式。

3)单击"工程图"工具栏上"标准三视图"按钮 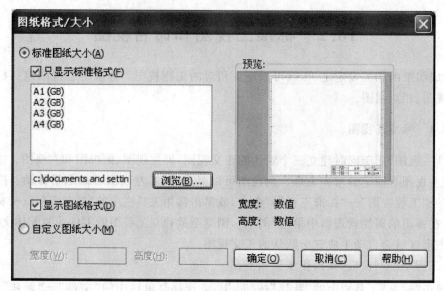,或选择菜单栏中的"插入"→"工程视图",结果如图 10-9 所示。

图 10-7 "图纸格式/大小"对话框

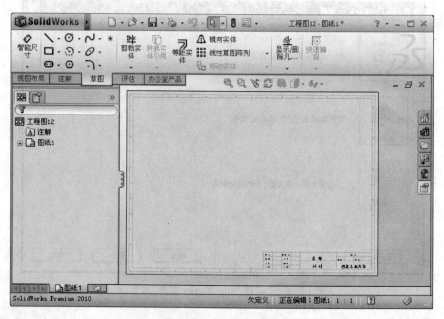

图 10-8 打开的模板

10.2.2 投影视图(向视图)

"投影视图"是指根据工程图中已存在的视图,建立以该视图为前视图的上、下、左、右4个正投影视图中的其中一个视图。

注意:根据系统默认设置,投影视图放置在图纸上时,自动与生成它的视图对齐,只能沿投影的方向移动投影视图。若要在放置投影视图时取消默认对齐,在移动预览时按住"Ctrl"键即可。松开"Ctrl"键时,视图预览立即恢复默认的对齐。

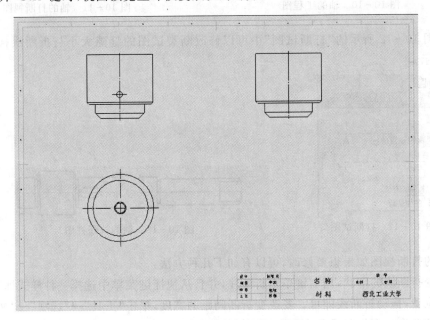

图 10 - 9   减压阀阀门标准三视图

10.2.3 辅助视图

"辅助视图"命令类似于"投影视图",但是如果零件模型中包含有斜面特征,只以一般的正投影视图来观测的话,可能无法了解斜面上的实际形状,这时可以通过"辅助视图"来表达。"辅助视图"是垂直于现有视图中参考边线的正投影视图,但参考边线不能是水平线或竖直线,否则生成的就是投影视图。

10.2.4 打断视图

对于较长的机件(如轴、杆、型材等)沿长度方向的形状一致或按一定规律变化时,可用打断视图命令将其断开后缩短绘制,而与断裂区域相关的参考尺寸和模型尺寸反映实际的模型数值。

生成打断视图的操作步骤如下:

(1)选择工程视图,如图 10 - 10 所示。

(2)选择菜单栏中的"插入"→"工程视图"→"竖直折断线"或"水平折断线"命令,视图中将出现一条折断线。

（3）拖动断裂线到所需位置。

（4）右击视图边界内部，从弹出的快捷菜单中选择"打断视图"命令，此时打断视图出现，如图 10-11 所示。

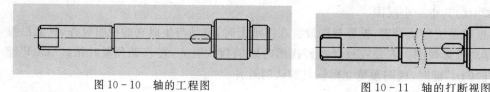

<table>
<tr><td>图 10-10　轴的工程图</td><td>图 10-11　轴的打断视图</td></tr>
</table>

在如图 10-12 所示的"打断试图"中可以修改断裂试图的缝隙大小与折断线样式，如图 10-13 所示。

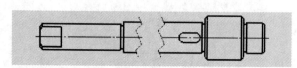

<table>
<tr><td>图 10-12　打断试图</td><td>图 10-13　轴的打断视图</td></tr>
</table>

生成的打断视图如果想要修改，可以有如下几种方法：

要改变折断线的形状，用右键单击折断线，并且从快捷键菜单中选择一种样式即可。要改变断裂的位置，拖动折断线即可。要改变折断间距的宽度，单击"工具"→"选项"→"文件属性"→"出详图"命令。在折断线下为间隙输入新的数值即可。欲显示新的间距，恢复打断视图，然后再打断视图即可，如图 10-15 所示。

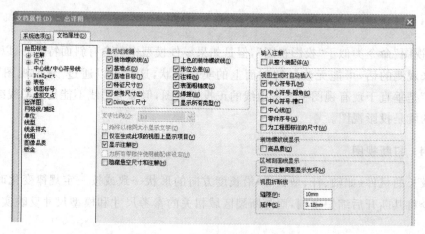

图 10-15　折断间距的宽度修改

"说明"：只可以在打断视图处于断裂状态时选择区域剖面线，但不能选择穿越断裂的区域剖面线。

10.3 创建辅助视图

10.3.1 辅助视图

"辅助视图"命令类似于"投影视图",但是如果零件模型中包含有斜面特征,只以一般的正投影视图来观测的话,可能无法了解斜面上的实际形状,这时可以通过"辅助视图"来表达。"辅助视图"是垂直于现有视图中参考边线的正投影视图,但参考边线不能是水平线或竖直线,否则生成的就是投影视图。

生成辅助视图操作步骤如下:

(1)选择非水平或竖直的参考边线。参考边线可以是零件的边线、侧影轮廓线(转向轮廓线)、轴线或所绘制的直线。如果绘制直线,应先激活工程视图。

(2)单击工具栏上的"辅助视图"按钮 ,或选择菜单栏中的"插入"→"工程视图"→"辅助视图"命令,此时会出现如图 10-16 所示的"辅助视图"设计树,视图窗口显示视图的预览框。

(3)在该设计树中设置相关参数,设置方法及其内容与投影视图中的内容相同,这里不再作详细的介绍。

(4)移动指针,当处于所需位置时,单击以放置视图。如有必要,可编辑视图标号并更改视图的方向。

如果使用了绘制的直线来生成辅助视图,草图将被吸收,这样就不能无意将之删除。当编辑草图时,还可以删除草图实体。图 10-17 所示为机架的辅助视图。

图 10-16 "辅助视图"设计树

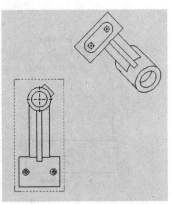

图 10-17 机架的辅助视图

10.3.2 剖视图

剖视图有剖面视图、半剖视图、断开的剖视图(局部剖视图)、阶梯剖视图、旋转剖视图。剖视图有剖面视图、半剖视图、旋转剖视图、断开的剖视图、阶梯剖视图。

1.剖面视图(全剖视图)

"剖面视图"命令用来表达机件的内部结构。在生成剖面视图时,必须先在工程视图中绘制适当的剖切路径,然后系统依照剖切路径产生剖面视图。绘制的路径可以是一条直线段、相互平行的线段或圆弧等。

以减压阀罩为例,生成剖面视图的操作步骤如下:

(1)选择工程视图。

(2)选择菜单栏中的"插入"→"工程视图"→"剖片视图"命令。

(3)设计树中出现"剖面视图"对话框,如图 10-19 所示。

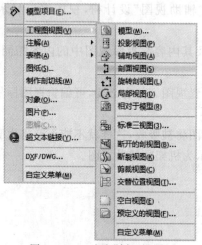

图 10-18　选取"剖面视图"

图 10-19　"剖面视图"设计树

在减压阀罩的中心绘制一条直线,移动指针,显示视图预览。将剖面视图想要摆放的位置,得到的剖面视图如图 10-20 所示。

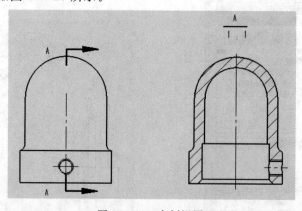

图 10-20　全剖视图

2. 半剖视图

"半剖视图"是当物体具有对称面时,在垂直于对称平面的投影面上投射所得的图形,以中心线为界,一半为剖视图,另一半为视图。采用"半剖视图"的优点是在一个视图上既能保留物体的外部性状,又能表达内部结构。

以减压阀罩为例,生成半剖视图的操作步骤如下:

(1)激活现有视图。

(2)在减压阀的一个视图上单击"草图"工具栏中的 ▌"中心线"或 ╲ "直线"按钮,或选择菜单栏中的"工具"→"草图绘制实体"→"中心线"或"直线"命令。

(3)绘制两条垂直的直线,并将其选中。选中多条线的方法:按住"Ctrl"键,用鼠标点击想要要选中的对象,如图 10-21 所示。

(4)单击工具栏中的"剖面视图",或选择菜单栏中的"插入"→"工程视图"→"剖面视图"命令,将弹出如图 10-22 所示的对话框,选择"是",将出现半剖视图预览图像,将光标移至合适的位置,再单击"确定",得到如图 10-23 所示的半剖视图。

(5)单击半剖视图,右侧出现"剖面视图"设计树,如图 10-24 所示。可以更改当前的选项,得到符合要求的半剖视图。

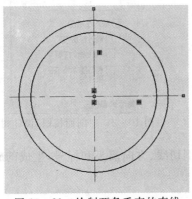

图 10-21 绘制两条垂直的直线

图 10-22

3. 旋转剖视图

"旋转剖视图"用来表达具有回转轴的机件内部形状。与剖面视图所不同的是,旋转剖视图的剖切线至少应由两条连续线段组成,且这两条线段具有一个夹角。在工程图中可以生成贯穿模型或局部模型的旋转剖视图。

以减压阀为例,生成旋转剖视图的步骤如下:

(1)激活现有视图。

(2)单击"草图"工具栏中的"中心线" ▌ 或"直线"按钮 ╲ ,或选择菜单栏中的"工具"→"草图绘制实体"→"中心线"或"直线"命令。

(3)根据需要绘制相交中心线或直线段。左侧出现如图 10-25 所示的设计技树。

(4)单击工具栏中的"旋转剖视图"按钮 ⬏,或选择菜单栏中的"插入"→"工程视图"→"旋转剖视图"命令。

(5)移动光标,显示视图预览。系统默认视图与所选择中心线或直线生成的剖切线箭头方向对齐。当视图位于所需位置时单击以放置视图。

图 10-24　"剖面视图"设计树

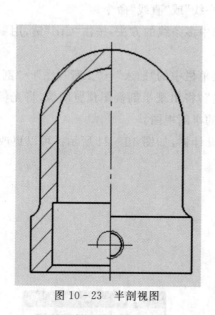

图 10-23　半剖视图

如图 10-26 所示,高亮显示的视图显示了剖切线、方向箭头和标号,生成的旋转剖视图在下边。

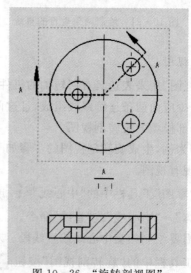

图 10-26　"旋转剖视图"

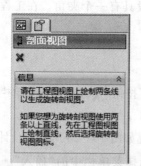

图 10-25　"剖面视图"设计树

4.断开的剖视图

"断开的剖视图"命令用于展现零件或装配体的内部细节,这种方法称为"剖中剖"。实现"剖中剖"需要连续使用"断开的剖视图"命令。通常用闭合的轮廓来定义断开的剖视图,并且通过设定一个数值或在相关视图中选一边线来制定剖切深度。

"断开的剖视图"不对"筋特征"进行识别而直接将其剖开,而"剖面视图"则可以将"筋特征"排除在剖面范围以外。

以减压阀阀体为例,生成断开的剖视图的操作步骤如下:

(1)激活现有视图。

(2)绘制一条封闭的样条曲线,如图 10-27 所示。

(3)在工具栏中单击"试图布局"→"断开的剖视图",左侧出现如图 10-28 所示的"断开的剖视图"设计树。

(4)在距离栏里给定深度 50 mm,单击"确定",得到如图 10-29 所示的阀体"断开的剖视图"。

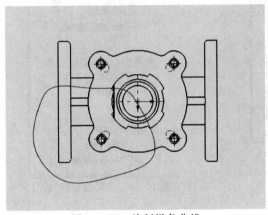

图 10-27 绘制样条曲线

图 10-28 "断开的剖视图"设计树

10.3.3 剪裁视图

剪裁视图用于在视图中通过绘制封闭轮廓,保留封闭区域的视图,剪裁区域外的部分。具体操作步骤如下:用草图绘制工具绘制一个封闭轮廓,单击常用工具栏"视图布局"→"剪裁视图"按钮,按照属性管理器提示操作即可。

10.3.4 局部视图

在实际应用中可以在工程图中生成一种视图来显示一个视图的某个部分。局部视图就是用来显示现有视图某一局部形状的视图,通常是以放大比例显示。"局部视图"命令用于生成一个视图中的局部区域,一般是以放大比例显示。局部视图可以是正交视图、3D 视图、剖面视图、裁剪视图、爆炸装配体视图或另一局部视图。

生成局部视图的操作步骤如下:

（1）在工程视图中激活现有视图，在要放大的区域，用草图绘制实体工具绘制一个封闭轮廓。

（2）选择放大轮廓的草图实体。

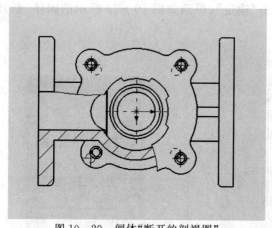

图 10-29　阀体"断开的剖视图"

图 10-30　"局部视图"设计树

（3）单击工具栏上的"局部视图"按钮 ，或选择菜单栏中的"插入"→"工程视图"→"局部视图"命令，此时会出现如图 10-30 所示的"局部视图"设计树。

（4）单击已放置视图。最终生成的局部视图如图 10-31 所示。

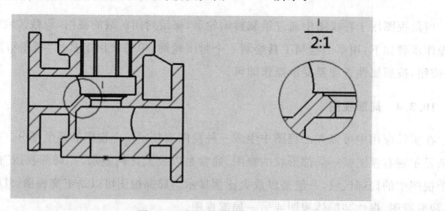

图 10-31　局部视图

10.4　工程视图的编辑操作

10.4.1　移动视图

利用"移动视图"命令用来调整视图之间的距离。一般先选择视图,视图框变为蓝色,光标放置上面,指针变为 时,按住左键拖动该视图到合适的位置,释放左键即可。

10.4.2　旋转视图

利用"旋转视图"命令可以将所选的边线设定为水平或竖直方向,也可以围绕视图中心点旋转视图以将视图设定为任意角度。

1. 绕模型边线旋转视图

其操作步骤如下:

(1)在工程图中选择一条线性模型边线。

(2)选择菜单栏中的"工具"→"对齐工程图视图"→"水平边线"或"竖直边线"。

(3)视图会旋转到水平或竖直位置。

2. 围绕中心点旋转视图

其操作步骤如下:

(1)选择视图,单击前导视图工具栏中的"旋转"按钮,系统弹出"旋转工程视图"对话框。

(2)这时鼠标指针变成 ,拖动视图到所需的旋转位置。可以拖动视图到任意角度,角度数值以度为单位出现在对话框中。或者在"对话框"中输入角度,单击"应用"按钮观看旋转效果。

10.4.3　对齐视图

对于默认的未对齐视图,或解除了对齐关系的视图,可以更改对齐关系。

使一个视图对齐另一个视图的操作步骤如下:

(1)单击要对齐的工程视图,然后选择菜单栏中的"工具"→"对齐工程图视图"→"水平对齐另一视图"或"竖直对齐另一视图"命令。或者右击工程视图,从快捷菜单中选择"视图对齐"选项之一。

(2)选择要对齐的参考视图,视图中心沿所选的方向对齐。移动参考视图,对齐关系将保持不变。

(3)若想解除对齐关系,只需先选中要解除对齐关系的视图,右击鼠标,选中"视图对齐"→"解除对齐关系"即可。

10.4.4　复制和粘贴

在同一个工程视图文件中,可以从一张图纸剪切、复制工程视图,然后粘贴到另一张图纸;或从一个工程图文件剪切、复制工程视图,然后粘贴到另一个工程图文件。

如要一次对于多个视图执行这些操作,可按住 Ctrl 键选取视图,单击菜单栏中的"编辑"

→"剪切"或"复制"按钮,或按 Ctrl＋X(剪切)或 Ctrl＋C(复制)组合键,在指定位置按 Ctrl＋V(粘贴)组合键,完成粘贴操作。

10.4.5 隐藏和显示

1.隐藏和显示视图

右击要隐藏的视图,从快捷菜单中选择"隐藏",若视图有从属视图,则出现对话框询问是否隐藏从属视图。若显示隐藏的视图,右击从快捷菜单中选择"显示",若显示从属视图时,同样会出现对话框询问是否显示从属视图。

2.隐藏和显示边线

在工程视图中用右击特征或零件的边线,在弹出的快捷菜单中选择"显示边线"或"隐藏边线"命令。注意:此时在左侧视图属性管理器中的"显示样式"必须是"消除隐藏线"且为高品质。

3.显示隐藏的边线

若要显示隐藏的边线,可右击工程视图,在快捷菜单中选择"属性",在出现的"工程视图属性"对话框中,选择"显示隐藏的边线",然后在特征管理器中选择特征或零部件,单击"应用""确定"。

"显示隐藏的边线"与"显示边线"命令的区别是,"显示隐藏的边线"是将隐藏线显示为虚线,而"显示边线"则是将用"隐藏边线"命令隐藏的边线还原显示。

10.5 零件工程图

零件的一组视图只能表达零件的结构形状,而零件的真实大小及零件各部件结构的相对位置,是通过零件的尺寸标注来确定的。如果尺寸标注不完整,则无法实现生产和加工;尺寸标注不清晰、不合理或错误,将会导致制造时产生废品,给生产和检验过程造成困难。显然,尺寸是加工零件等的重要依据,是一项十分重要的工作。因此,必须认真、细致地对待尺寸标注,做到完整、清晰、合理地标注零件图上的尺寸。

10.5.1 尺寸标注

在完成工程视图的布局等之后,就可以对工程图开始"尺寸标注",除了要完整标注,为了让标注清晰应该注意以下几点:内外分注,将零件的内部结构尺寸和外部形体尺寸尽量标注在视图的两侧,并且是同一方向连续的几个尺寸尽量放在一条线上;集中与分散,将零件上同一形体的尺寸尽量集中标注在表达该形体特征最明显的视图上,如果过于集中则应适当分散标注;避免尺寸相交,标注过程中,应当注意尽量避免尺寸线与尺寸线、尺寸线或尺寸界线与图形轮廓线相交。

标注尺寸的基本步骤如下:

(1)在工程图界面下点击"注解",所出现的选项即是在工程图标注时要用到的选项,在标注常规的尺寸时就只需用到"智能尺寸",所以点击"智能尺寸",如图10－32所示。

图 10-32　"注解"选项

（2）然后点击要标注的属性：

1）"水平尺寸""垂直尺寸"等线性尺寸只需分别点中两线段、线段与点或两点，就会生成尺寸，再选择合适的位置（整齐并易见和辨认）左键点击，放置即可，如图 10-33 所示。

在定位圆的时候，由于智能尺寸并不会显示圆心，所以在标注圆（或圆弧）与线段或两圆（或圆弧）的距离时，需要点中圆周（圆弧）和线段或两圆周（或圆弧），然后就生成了尺寸，如图 10-34 所示。

半径、直径等大小类型的尺寸标注，只需点中所需圆弧的边即可自动生成，然后再点击就确定了尺寸，如图 10-35 所示。

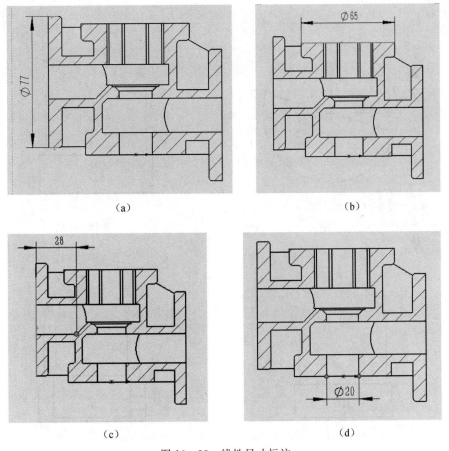

（a）　　　　　　　　　　　　（b）

（c）　　　　　　　　　　　　（d）

图 10-33　线性尺寸标注

而如果是同心圆两圆间的距离，直接点击两圆即可生成，然后再点击确定位置。

2）对于角度等的尺寸，分别点击两条不平行的线段就会自动生成角度属性，再点击就确定了位置，如图 10-36 所示。

而要产生倒角尺寸时，就不能直接用"智能尺寸"，而要选择"智能尺寸"下的"倒角尺寸"，如图 10 - 37 所示。

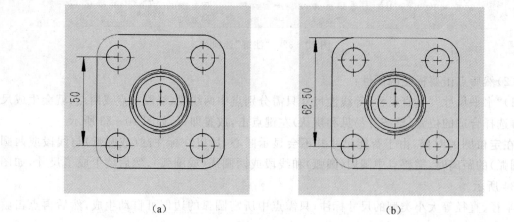

图 10 - 34　标注技巧

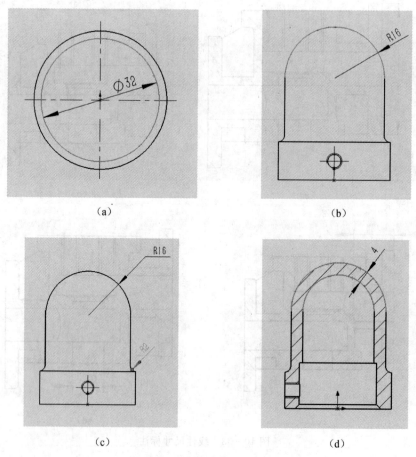

图 10 - 35　圆及圆弧尺寸标注

　　然后再在图中先点击倒边(切倒角形成的边),然后再点击一条边(定义倒角尺寸的圆或面生成的边),于是就得到了倒角,选择合适位置再点击就可以了,如图 10 - 38 所示。

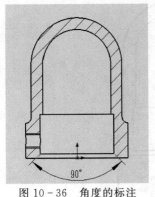

图 10-36　角度的标注

图 10-37　倒角尺寸

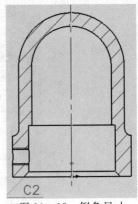

图 10-38　倒角尺寸

10.5.2　尺寸公差及形位公差

1. 尺寸公差

"尺寸公差"是最大极限尺寸(极限尺寸是指一个孔或轴允许的尺寸的两个极端)与最小极限尺寸之差或上偏差(最大极限尺寸与其基本尺寸的代数差)与下偏差之差,它是允许尺寸的变动值。"尺寸公差"有双边、基本、对称等,下面主要讲解双边公差的生成(其他类似),其生成在尺寸标注时和标注后都可以,产生尺寸并定位后或点击所标注的尺寸时会在左边出现如图10-39所示选项。选择"双边",然后出现如图10-40所示的定义界面。

图 10-39

图 10-40　"双边"

程序默认为上正下负,所以在两框中输入纯数值时,会看到生成上正下负的"双边公差",如图10-41所示。

当要产生两个同为正或同为负的"双边公差"时,只需在 — 框中数值前加"＋"或在 ＋ 框中数值前加"—",如图10-42和图10-43所示。

在"尺寸公差",还常用"套合"。同样的方法在尺寸在"公差/精度"一栏中选择"套合",如图10-44和图10-45所示。

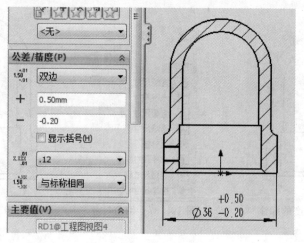

图 10-41　"双边"设置

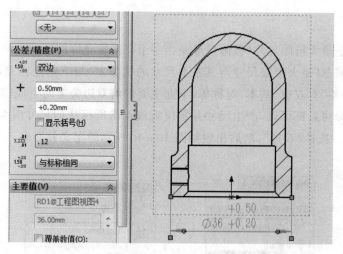

图 10-42　同正

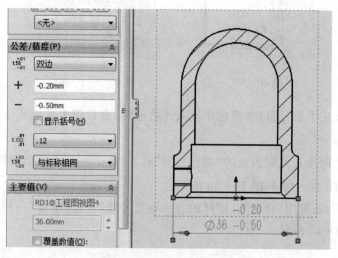

图 10-43　同负

图 10 - 44　"套合"

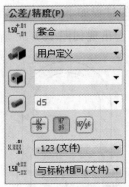

图 10 - 45　"套合"设置

出现的界面中可以根据设计要求选择孔公差或轴公差的值,在工程图会出现对应的公差值,如图 10 - 46 所示。

而在"与公差套合"中,除了会出现基本偏差外还会有具体的上、下偏差值,如图 10 - 47 所示。

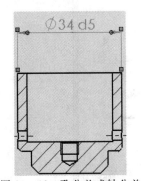

图 10 - 46　孔公差或轴公差

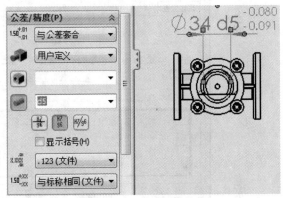

图 10 - 47　上、下偏差值

在零件图的尺寸标注过程中,除了要保证尺寸标注的完整、清晰之外,还要考虑在零件的加工制造过程中,应能使尺寸的测量和检验方便可行,而要满足这些要求,就必须正确地选择尺寸基准。常用的基准线有零件上回转面的轴线、中心线等,常用的基准面有零件的对称面、端面、结合面、重要支撑面和底板的安装面等。

2.基准特征

在工程图中标注"基准特征",需要点击 [A] 基准特征,然后找到要定为基准的线或面,点击就确定了位置,再选择位置点击就定下了标号的位置,如图 10 - 48 所示。

如果要改变标号字母,在"基准特征"的界面中"标号设定"输入所需的字母就可以了,如图 10 - 49 所示。

3.形位公差

在标注完"基准特征"后,就可以标注"形位公差"(形状和位置公差),如果无法用代号标注"形位公差"时,可以在技术要求中用文字说明。

标注"形位公差"的过程如下：

点击 形位公差会出现如图 10-50 所示界面。

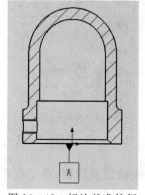

图 10-48 标注基准特征

图 10-49 "标号设定"

图 10-50 "形位公差"

首先应确定"符号"，不同的符号代表不同的形位，如图 10-51 所示。

图 10-51 不同符号

确定形位符号后，再在"公差 1"中输入公差值，值之前可以加界面第一排所示的符号。"公差 2"需要点击打钩之后才能添加。如图 10-52 所示。

在输入完成后，要先把形位公差的位置关系确定好，才能点击"确定"。确定之后无法再确定对应关系。如图 10-53 所示。

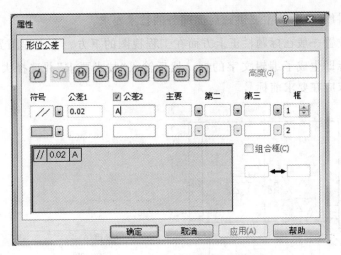

图 10 - 52　"公差 1"和"公差 2"设置

10.5.3　零件的表面粗糙度

在标注"表面粗糙度"时,点击"表现粗糙度符号"√,会出现编辑界面,应先确定粗糙度"符号",如图 10 - 53 所示。

然后在第二行第一格中输入粗糙度的值,其他要求只需在对应位置输入即可,如图 10 - 54 所示。

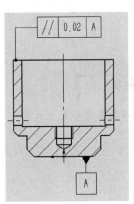

图 10 - 53　结果

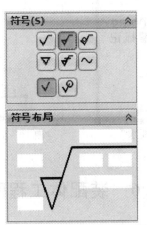

图 10 - 53　确定粗糙度"符号"

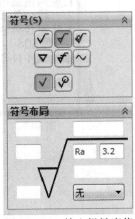

图 10 - 54　输入粗糙度值

然后在对应表面的线段上点击就确定了位置,如图 10 - 55 所示。

一般情况,程序会自动生成与对应线段角度一致的粗糙度符号的角度,如果不能则可以在粗糙度"角度"选项中手动定义,确认后就会生成固定角度的粗糙度符号,如图 10 - 56 所示。

10.5.4　技术要求

在工程图中,除视图和尺寸外,技术要求也是一项重要内容,它主要反映对零件的技术性能和质量的要求,工程图上应注写的技术要求主要有尺寸公差、形位公差、零件的表面粗糙度,零件的材料选用和要求,有关热处理和表面处理的说明等。尺寸公差、形位公差、零件的表面粗糙度前面已经讲解了,本节主要讲解后面部分的技术要求。

"技术要求"位置一般在标题栏正上方而在工程视图的下方。在工程图界面中点击 **A**,再在图纸上点击鼠标即生成了编辑文字的框。然后输入"技术要求"并选择大一点的字体和居中。如有多条要求应在要求前标号。

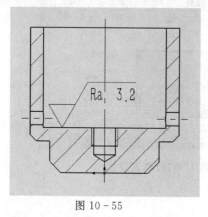

图 10-55

图 10-56 "角度"选项

如果具体涉及某个尺寸的要求,则可在编辑界面下直接点击尺寸符号,程序即会在要求界面下生成尺寸图形,如图 10-58 所示,直接点击 ⌀34 ±0.050 即可在技术要求一栏中生成。

图 10-57 "技术要求"

图 10-58 具体涉及某个尺寸

10.6 装配体工程图

10.6.1 工程视图

装配体的的工程视图与零件的工程图大体相同,但不同的是由于装配体是由许多零件组成的,所以就多了一些零部件在工程图中的处理。

以剖切视图为例,装配体的工程图在作剖切视图时,因为有螺钉或螺母等时在国标中是不剖的,所以要排除对它们的剖切,具体步骤如下:

(1)在所要剖切的位置画一条代替切面的线段,如图 10-59 所示。

(2)点击"试图布局"窗口下的"剖切视图" ,出现如图 10-60 所示的窗口。然后打开"设计树" ,打开所剖视图中的"装配体",然后选择不需要剖切的零部件。选择后效果如图

10 - 61 所示。

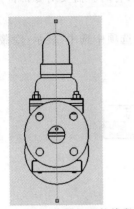

图 10 - 59　画代替切面的线段

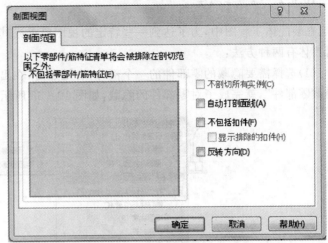

图 10 - 60　"剖面视图"窗口

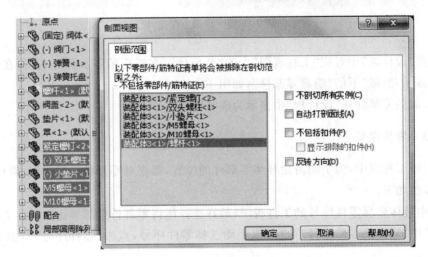

图　10 - 61

选择完后点击"确认",就完成了"剖切视图"。效果如图 10 - 62 所示。

如图 10 - 62 所示,螺母、螺杆和螺钉并没有像其他零部件一样被剖切。

图　10 - 62

10.6.2 隐藏零部件

在装配体工程图中,为了达到一些特定的视图要求或其他的,有时就需要对零部件进行隐藏,具体有两种方法:

(1)选择需要隐藏的零部件的一个部分,右键点击,在出现的选项中选中"显示/隐藏"下的"隐藏零部件",就完成了对零部件的隐藏,如图 10-63 所示。

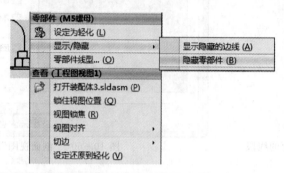

图 10-63　隐藏方法 1

(2)打开"设计树"中对应"工程视图"中的"装配体",在对应的零部件处右击,在出现的选项中选择"显示/隐藏"下的"隐藏零部件",如图 10-64 所示。

已经隐藏的零部件在"设计树"中显示为虚雾图标。

10.6.3 零件序号

在装配体工程图中,为了能清楚具体零部件的位置,需要对零部件进行标记,即标"零件序号",具体步骤如下:

(1)选中具体要标零件序号的工程视图(最好选择能将零部件全部表达出来的工程视图),点击"注解"中的"自动零件序号"(也可以手动选择零件序号,点击"零件序号"),如图 10-65 所示。

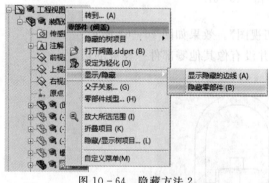

图 10-64　隐藏方法 2

图　10-65

(2)点击"自动零件序号"后,出现如图 10-66 所示窗口。

在出现的对话框中,可以选择"零件序号布局""零件序号设定""引线样式"和"框架样式"等。

选择完成之后,点击"对勾"  ,即可生成如图 10 - 67 所示的零件序号,可人为引线进行调整以保证图面的整洁。

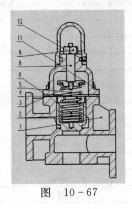

图 10 - 66   图 10 - 67

10.6.4 材料明细表

在装配体工程图中,由于零部件的材质等属性不相同,在标题栏中无法表达出来,故需要引入"材料明细表",这张表能清晰地反应出零部件的材质等属性。其创建步骤如下:

(1)选中一个包含所有零部件的工程视图,然后点击"表格"下的"材料明细表",如图 10 - 68 所示。

在出现的界面中可以选择"表格模板""表格位置""材料明细表类型""零件配置分组"和"项目号"等属性,如图 10 - 69 所示。

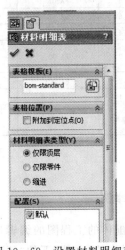

图 10 - 68 "材料明细表"选项   图 10 - 69 设置材料明细表

(2)出来的默认"材料明细表"并不符合国标中的表达顺序,点击表格,在出现的菜单中点击 ⊞ 就可以调整了。

(3)在调整后的表格中把需要的内容填入,可以插入行和列,编辑后的效果如图 10-71 所示,至此"材料明细表"编辑完成。

项目号	零件号	说明	数量
1	阀体		1
2	阀门		1
3	弹簧		1
4	弹簧托盘		1
5	螺杆		1
6	阀盖		1
7	垫片		1
8	罩		1
9	紧定螺钉		1
10	双头螺柱		4
11	小垫片		4
12	M5螺母		4
13	M10螺母		1

图 10-70　调整材料明细表

序号	代号	名称	数量	材料	备注
13	GB/6170-2000	M10螺母	1	Q235-A	
12	GB/6170-2000	M5螺母	4	Q235-A	
11	GB/T97.1-1985	垫圈	4	Q235-A	
10	GB/T900-1998	双头螺柱M5×16	4	Q235-A	
9	GB/T75-1985	紧定螺钉	1	Q235-A	
8	FA-08	罩	1	ZL101	
7	FA-07	垫片	1	硬纸板	
6	FA-06	阀盖	1	ZL101	
5	FA-05	螺杆	1	Q235-A	
4	FA-04	弹簧托盘		H26	
3	FA-03	弹簧	1	碳素弹簧钢丝C级	d=2.5
2	FA-02	阀门	1	H62	
1	FA-01	阀体	1	ZL101	

图 10-71　结果

10.6.5　综合举例

现举例说明装配体的工程图的编辑过程,步骤如下:

(1)点击菜单栏中的"文件"下的"新建",点击"工程图"后点确认,如图 10-72 所示。

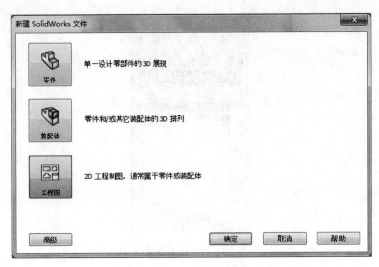

图 10 - 72 综合举例 1

(2)在"图纸格式/大小"界面中点击"浏览"选择已经编辑好的图纸格式,这里选择"西北工业大学 A3 横放.slddrt"。还可以直接打开有标准图纸格式的工程图后还原图纸(删除图纸中无关的信息),如图 10 - 73 所示。

图 10 - 73 综合举例 2

(3)建立视图,在模型视图选框中点击浏览,然后选择要出工程图的模型,这里选择减压阀的装配体,如图 10 - 74 和图 10 - 75 所示。

(4)把所需的基本三视图布局好或直接点击"标准三视图"后选择装配体,如图 10 - 76 所示。

(5)为了更全面的反映出装配体,还需要对视图进行剖视和生产向视图等。此处会用到"隐藏零部件"等命令。如图 10 - 77 和图 10 - 78 所示。

(6)然后就要对视图进行标注基本尺寸、尺寸公差、形位公差、粗糙度等,这里需要选择一个全面的视图产生"自动零件序号",如图 10 - 79 所示。

图 10-74　综合举例 3

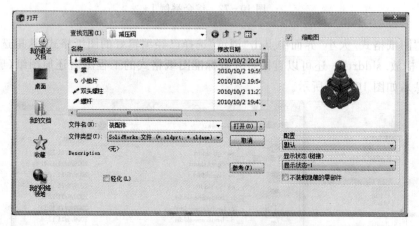

图 10-75　综合举例 4

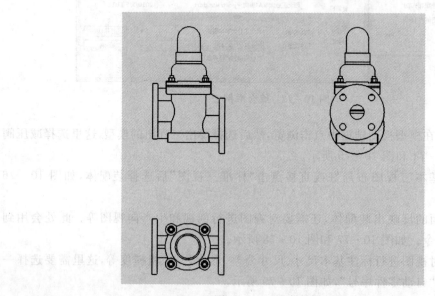

图 10-76　综合举例 5

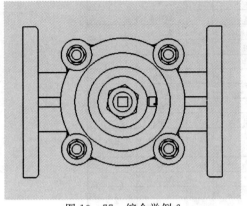

图 10-77　综合举例 6

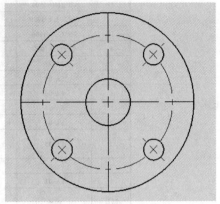

图 10-78　综合举例 7

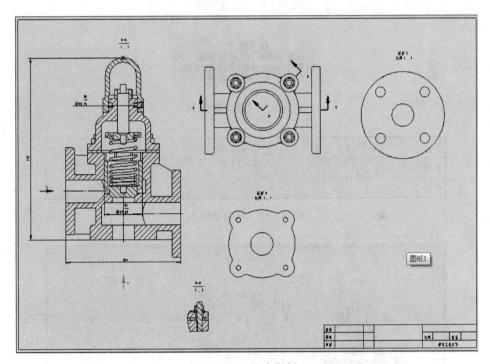

图 10-79　综合举例 8

（7）对装配体工程图生成"材料明细表"（选择包括所有零件的视图生成），如图 10-80 所示。

（8）为了使补充图纸，还需要根据设计要求标注"技术要求"，如图 10-81 所示。

（9）最后填写"标题栏"，"标题栏"应尽量填写完整。这里省略左边信息不写，如图 10-82 所示。

完成之后再检查是否有遗漏的数据或数据错误等以确保图纸无误。至此，减压阀的工程图就完成了，如图 10-83 所示。

13	GB/6170-2000	M10螺母	1	Q235-A	
12	GB/6170-2000	M5螺母	4	Q235-A	
11	GB/T97.1-1985	垫圈	4	Q235-A	
10	GB/T900-1998	双头螺柱M5×16	4	Q235-A	
9	GB/T75-1985	紧定螺钉	1	Q235-A	
8	FA-08	罩	1	ZL101	
7	FA-07	垫片	1	硬纸板	
6	FA-06	阀盖	1	ZL101	
5	FA-05	螺杆	1	Q235-A	
4	FA-04	弹簧托盘	1	H26	
3	FA-03	弹簧	1	碳素弹簧 钢丝C级	d=2.5
2	FA-02	阀门	1	H62	
1	FA-01	阀体	1	ZL101	
序号	代号	名称	数量	材料	备注

图 10-80　综合举例 9

技术要求
1.装配前阀门与阀体调研，压力在5km/cm时无渗漏现象。
2.非加工表面喷防锈漆。

图 10-81　综合举例 10

设计			安全阀			
校对				比例	1:1	数量
审图				西北工业大学		

图 10-82　综合举例 11

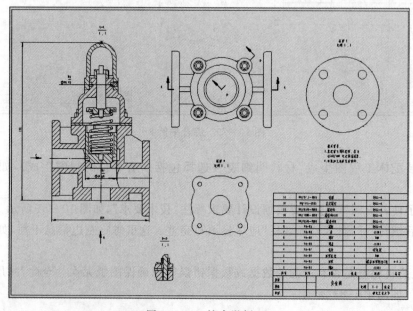

图 10-83　综合举例 12

10.7　小结

　　本章主要介绍了新建工程图文件的步骤、选项设定、图纸格式设定、工程图模板的创建、生成标准视图及派生视图、工程视图的编辑操作、绘图标准等内容,并用实例详细说明了零件和装配体工程图的生成过程。

　　SolidWorks 工程图的功能非常强大,能够快速生成符合国标(GB)规定的所有视图类型,为产品的加工和装配提供必备的技术图纸。对于初学者来讲,工程图可能接触得较少,也较难掌握。但在工程实践中,工程图是非常重要的工程文件。关于工程图的内容很多,与实际工作的联系也比较紧密,本章旨在指导读者掌握 SolidWorks 工程图的基本命令、操作方法和步骤。读者要在实际工作过程中不断总结经验,逐步养成自己的操作习惯,以提高设计工作效率。

第 11 章

综合案例——球阀

本章以球阀为案例进行零件建模、虚拟装配以及模型投影工程图的三维计算机绘图的综合举例。

11.1 球阀建模实例

球阀的主要零部件阀盖、阀体相对比较复杂,下面用 SolidWorks 2014(建模方法同样适用于 SolidWorks 的其他版本)介绍阀盖、阀体的建模思路。

11.1.1 阀盖

经过对零件图的读图分析,对阀体和阀盖的形体有了清晰认识,不难发现阀盖较阀体相对简单,通过一次拉伸凸台和一次旋转就能勾勒出主要形体。具体操作如下。

(1)单击"新建文件"→"零件" → "确定",新建一个零件文件。

(2)从特征管理器中选择 "前视基准面",单击"草图绘制"按钮 ,创建草图 1,如图 11-1 所示;单击特征工具栏中的"拉伸凸台/基体"按钮 ,在弹出的"拉伸"属性管理器中设置给定深度值"12 mm",然后单击"确定"按钮 ,完成拉伸 1。

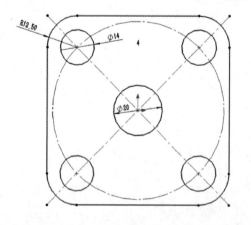

图 11-1 阀盖草图 1 及拉伸 1

（3）选择右视基准面，单击"草图绘制"按钮 🖉，创建草图 2，如图 11-2 所示；单击特征工具栏中的"旋转凸台/基体"按钮 🌸，在弹出的属性管理器中选择中心线作为旋转轴，单向旋转 360°，单击"确定"按钮 ✅，完成旋转 1。

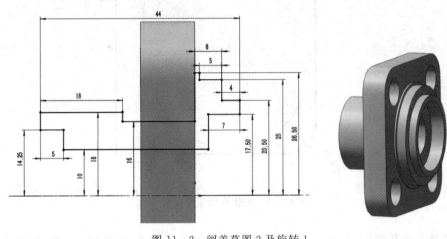

图 11-2　阀盖草图 2 及旋转 1

（4）至此，阀盖主要结构就完成了。单击特征工具栏中的"倒角"工具、🔲"圆角"工具 🔲，绘制倒角圆角。

（5）单击"插入"→"注解"→"装饰螺纹线"，添加 M36×2 外螺纹装饰线。完成阀盖绘制，结果如图 11-3 所示。

图 11-3　阀盖

11.1.2　阀体

（1）单击"新建文件"→"零件" 📄 →"确定"，新建一个零件文件。

（2）从特征管理器中选择 ◇ "前视基准面"，单击"草图绘制"按钮 🖉，创建草图 1，如图 11-4 所示；单击特征工具栏中的"拉伸凸台/基体"按钮 🔳，在弹出的"拉伸"属性管理器中设置给定深度值"12 mm"，然后单击"确定"按钮 ✅，完成拉伸 1。

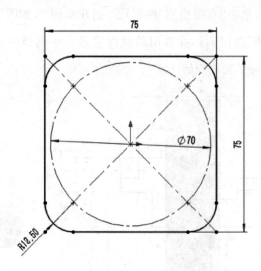

图 11-4　阀体草图 1 及拉伸 1

（3）选择右视基准面，单击"草图绘制"按钮 ，创建草图 2，如图 11-5 所示；单击特征工具栏中的"旋转凸台/基体"按钮 ，在弹出的属性管理器中选择草图 2 中上侧直线作为旋转轴，单向旋转 360°，单击"确定"按钮 ，完成旋转 1。

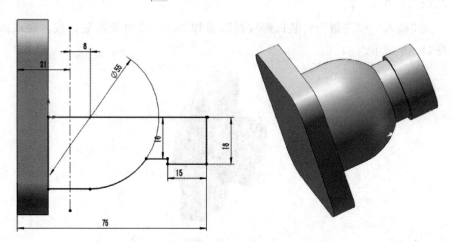

图 11-5　阀体草图 2 及旋转 1

（4）选择右视基准面，单击"草图绘制"按钮 ，创建草图 3，如图 11-6 所示；单击特征工具栏中的"拉伸凸台/基体"按钮 ，在弹出的"拉伸"属性管理器中设置给定深度值"56 mm"，然后单击"确定"按钮 ，完成拉伸 2。

（5）选择右视基准面，单击"草图绘制"按钮 ，创建草图 4，如图 11-7 所示；单击特征工具栏中的"拉伸凸台/基体"按钮 ，在弹出的"拉伸"属性管理器中设置给定深度值"30 mm"，然后单击"确定"按钮 ，完成拉伸 3。

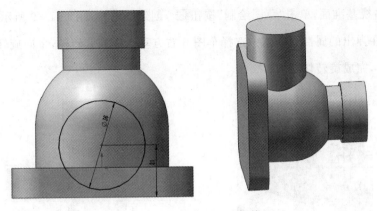

图 11-6 阀体草图 3 及拉伸 2

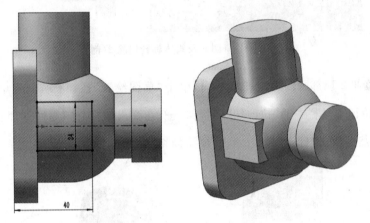

图 11-7 阀体草图 4 及拉伸 3

（6）从此步骤开始，对模型进行内部结构挖切。选择右视基准面，单击"草图绘制"按钮，创建草图 5，如图 11-8 所示；单击"旋转切除"按钮，在弹出的属性管理器中选择草图 5 下方水平线作为旋转轴，单向旋转 360°，再单击"确定"按钮，完成旋转切除 1。

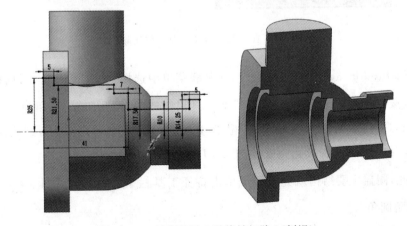

图 11-8 阀体草图 5 及旋转切除 1（剖视）

（7）选择右视基准面，单击"草图绘制"按钮 ⬚，创建草图 6，如图 11-9 所示；单击"旋转切除"按钮 ⬚，在弹出的属性管理器中选择草图 6 右方垂线作为旋转轴，单向旋转 360°，再单击"确定"按钮 ✓，完成旋转切除 2。

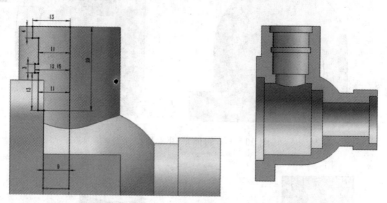

图 11-9　草图 6 及阀体旋转切除 2（剖视）

（8）选择拉伸 2 顶部平面为绘图基准面，单击"草图绘制"按钮 ⬚，创建草图 7，如图 11-10 所示；单击特征工具栏中的"拉伸切除"按钮 ⬚，在弹出的"拉伸"属性管理器中设置给定深度值"2 mm"，然后单击"确定"按钮 ✓，完成拉伸切除 1。

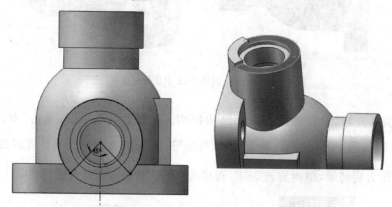

图 11-10　阀体草图 7 及拉伸切除 1

（9）在 FeatureManager 中右击草图 1，在关联菜单中选择"显示" ⬚ 命令，选择阀体左部安装板端面，按空格键选择正视于，单击特征工具栏中的"异型孔向导"按钮 ⬚，在类型中进行如图 11-11（a）所示的设置，然后单击"位置"选项，根据草图 1 确定四个直螺纹孔的位置，最后单击"确定"按钮 ✓，打螺纹孔完成，结果如图 11-11（b）所示。

（10）至此，阀盖主要结构就完成了。单击特征工具栏中的"倒角"工具、⬚ "圆角"工具 ⬚，绘制倒角圆角。

（11）单击"插入"→"注解"→"装饰螺纹线"，为阀体添加外螺纹装饰线。完成阀体绘制，结果如图 11-12 所示。

(12)最后一步,为阀体添加铭牌,通过"包覆" 📷 命令,在阀体前端凸台上印上"西北工业大学"字样。最终结果如图 11-13 所示。

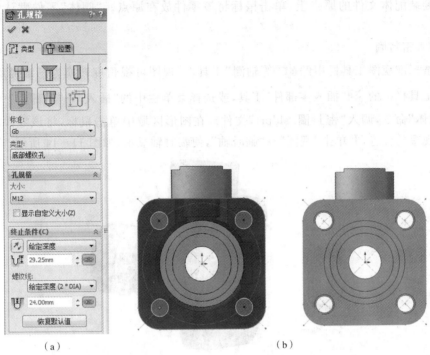

（a）　　　　　　　　　　　　（b）

图 11-11　异型孔向导设置

图 11-12　添加圆角及装饰螺纹线　　　　　图 11-13　阀体

11.2　球阀装配示例

在这一节,将把上述绘制的所有零件组合起来,形成一个完整的装配产品。需要说明的是,球阀的装配零件不仅包括上述绘制的几个零件,还包括把手、阀芯、填料压紧套、阀杆等其他装配零件,这里不再详述,如果读者有兴趣,可以参考附录球阀零件图内容完成其他零件的绘制。零件装配的具体操作步骤如下:

（1）将第一个零件插入到装配体中，成为固定零件。

单击"文件"→"新建"→"装配体"→"确定"命令，打开装配体操作界面并弹出"插入零部件"属性管理器，点击"浏览"进入"打开"对话框，从中打开"阀体.sldprt"零件，在图形区域中移动光标到装配体文件的原点上，单击鼠标将该零件放在原点。"阀体"零件默认为"固定"状态。

（2）插入密封圈。

1）单击标准视图工具栏中的  "等轴测"工具，将视图可视角度转换为三维视角显示，单击装配体工具栏中的 "插入零部件"工具，或选择菜单栏中的"插入"→"零部件"→"现有零部件/装配体"命令，调入"密封圈.sldprt"文件。在图形区域中单击鼠标，将该零件放置于装配体便于观察的位置，并单击"视图"→"临时轴"，使临时轴显示，如图 11-14 所示。

图 11-14　调入密封圈

2）添加配合关系。单击装配体工具栏中的"配合"按钮 ，显示"配合"属性管理器，在图形区域中选择密封圈轴线与阀体横轴线，在"配合"属性管理器中的"标准配合"选项区域或图形窗口中选择"重合" 按钮，然后点击"确定"按钮 。

3）继续添加配合关系。在图形区域中选择如图 11-15（a）所示的两个面，添加"重合配合关系"，结果如图 11-15（b）所示。

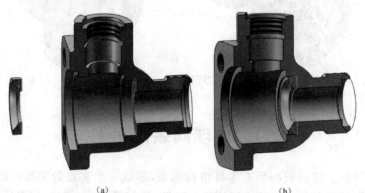

（a）　　　　　　　　　　　　　　　（b）

图 11-15　密封圈配合 2（剖视）

（3）单击"参考几何体"→"基准面"按钮 ◇ ，在弹出的"基准面"属性管理器中进行图 11 -
16(a)所示的设置，然后双击"确定"按钮 ✓ ，建立基准面 1。至此，密封圈装配完成。

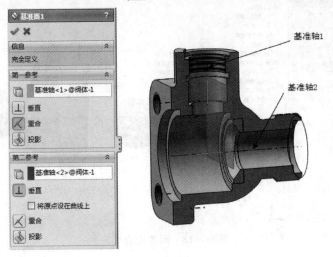

图 11 - 16　基准面 1

（4）插入阀芯。

1）点击装配体工具栏中的"插入零部件"按钮 🧩 ，点击"浏览"按钮，打开"阀芯.sldprt"零
件，在装配界面的图形窗口中单击，将该零件放置于装配体便于观察的位置。

2）添加配合关系。单击装配体工具栏中的"配合"按钮 ◉ ，显示"配合"属性管理器，在图
形区域中选择如图 11 - 17 所示的轴 1 和轴 2，在"配合"属性管理器中的"标准配合"选项区域
或图形窗口中选择"重合" ✗ 按钮，然后点击"确定"按钮 ✓ 。

3）继续添加配合关系。在图形区域中选择如图 11 - 15(a)所示的两个面，添加"重合"配
合关系，结果如图 11 - 15(b)所示。

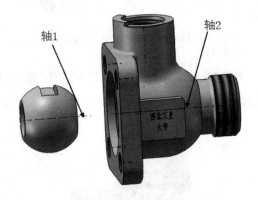

图 11 - 17　阀芯配合 1

4）继续添加几何关系。如图 11 - 18 所示，单击"FeatureManager 设计树"，分别选择装配
体的上视基准面及阀芯下的上视基准面，添加"重合"配合关系。

5）继续添加几何关系。如图 11 - 19 所示，单击"FeatureManager 设计树"，分别选择装配

体下的基准面 1 及阀芯下的右视基准面，添加"重合"配合关系。至此，阀芯与阀体装配操作完成。

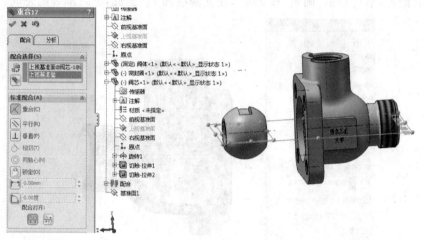

图 11-18　阀芯配合 2

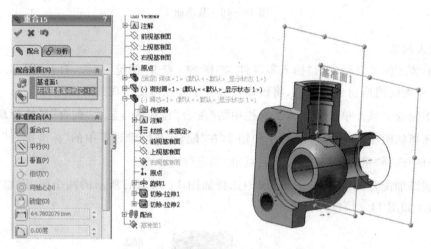

图 11-19　阀芯配合 3（剖视）

（5）镜向复制密封圈。单击"线性零部件"→"镜像零部件"按钮，在属性管理器中选择基准面 1 为镜向基准面，镜向实体为密封圈，单击"确定"按钮，结果如图 11-20 所示。

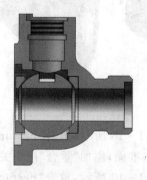

图 11-20　密封圈镜像（剖视）

（6）插入阀杆。

1）点击装配体工具栏中的"插入零部件"按钮 ![按钮]，点击"浏览"按钮，打开"阀杆.sldprt"零件，在装配体界面的图形窗口中单击，将该零件放置于装配体便于观察的位置。

2）添加配合关系。单击装配体工具栏中的"配合"按钮 ![配合]，显示"配合"属性管理器，在图形区域中选择如图 11-21 所示的轴 1 和轴 2 添加"重合"配合关系。

图 11-21 阀杆配合 1

3）继续添加配合关系。在 FeatureManager 中右击阀体，选择压缩零件 ![图标]，隐藏阀体。选择配合工具，选择高级配合中的宽度配合，分别选择阀芯槽口两侧面和阀杆凸台两侧面，单击"确定"按钮 ![确定]，如图 11-22 所示。

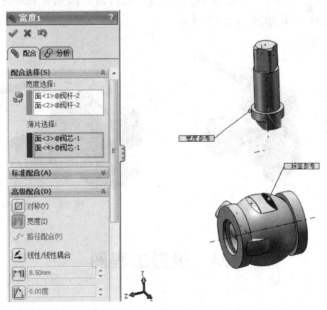

图 11-22 阀杆配合 2

4)继续添加几何关系。选择如图 11-23(a)所示的阀杆曲面和阀芯凹槽曲面,添加"相切"配合关系,双击"确定"按钮 ✓。至此,阀杆的装配操作完成,结果如图 11-23(b)所示。在 FeatureManager 中右击阀体,选择压缩零件 ↓₿,使阀体显示。

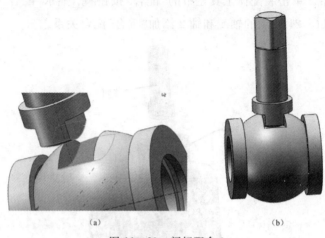

(a)   (b)

图 11-23   阀杆配合 3

(7)按照上述方法,插入密封圈、填料垫、中填料、上填料、把手等小零件,通过标准配合中的"重合"配合将这些零件配好。

(8)插入阀盖,通过阀盖中心孔轴线和阀体水平中心轴线添加"重合"配合关系,将阀盖四个圆周孔之一与阀体对应孔进行同轴心配合,选择如图 11-24 所示的两个面,添加"重合"配合关系。

(9)最后插入螺母螺栓垫片,通过标准配合装好一组,通过圆周阵列零件阵列出其余三组,完成球阀的装配。最终结果如图 11-25 所示。

图 11-24   阀盖配合   图 11-25   球阀总装

11.3   投影工程图

11.3.1   零件图

下面将上述完成的由零件投影工程图的内容,其操作步骤如下:

(1)单击标准工具栏中的"新建"按钮 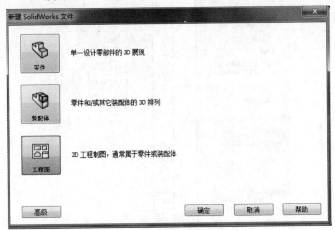，在弹出的"新建 SolidWorks 文件"对话框中单击"工程图"，如图 11-26 所示。

图　11-26

(2)单击"高级"按钮，选择"gb_a3"纸张后，单击"确定"按钮，进入工程图的绘制界面，如图 11-27 所示。

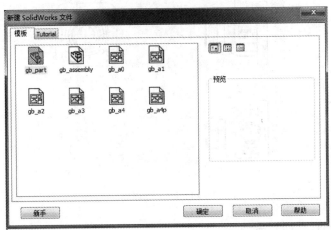

图　11-27

(3)单击"模型视图"属性管理器中的"浏览"按钮，在"打开"对话框中选择"阀体.sldprt"文件，选择"右视""预览""隐藏线可见"和"自定义比例"选项，设置如图 11-28 所示，然后拖动鼠标并在图纸界面中单击，将主视图拖放到合适的位置。

(4)继续插入俯视图和左视图，单击"确定"按钮 ✔，结果如图 11-29 所示。

(5)单击"视图布局"→"辅助视图"按钮 🔧，选择如图 11-30 所示边线，添加铭牌向视图，拖放至合适位置，然后单击"确定"按钮 ✔，完成向视图插入。

(6)右击上一步生成的辅助向视图，选择"视图对齐"→"解除对齐关系"命令，然后将辅助视图拖至合适位置，如图 11-31 所示。

(7)单击草图工具栏中的"样条曲线"按钮 ◠，在步骤(5)生成的辅助视图中绘制如图

11-32(a)所示闭合样条曲线,单击剪裁视图,结果如图 11-32(b)所示。

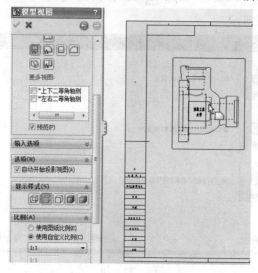

图 11-28　主视图配置

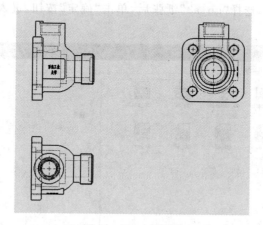

图 11-29　三视图

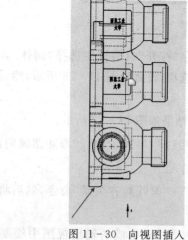

图 11-30　向视图插入

图 11-31　解除视图对齐关系

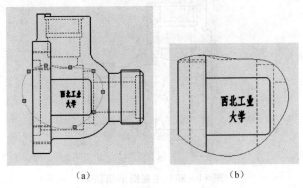

（a） （b）

图 11-32 辅助视图剪裁

（8）单击草图工具栏中的"矩形"按钮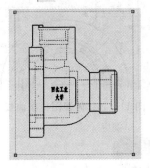，在主视图绘制矩形框选主视图，如图 11-33 所示，单击"视图布局"→"断开的剖视图"按钮 ，弹出对应属性框，选择主视图中一条侧影轮廓线如图 11-34（b）所示，单击"确定"按钮 ，完成主视图的全剖处理，结果如图 11-35 所示。

图 11-33 主视图绘制矩形

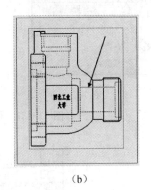

（a） （b）

图 11-34 断开的剖视图选项

（9）单击草图工具栏中的"样条曲线"按钮 ，在俯视图绘制闭合样条曲线如图 11-36 所示，单击"视图布局"→"断开的剖视图"按钮 ，选择如图 11-37 所示侧影轮廓线，单击"确定"按钮 ，完成俯视图的局部剖处理，结果如图 11-38 所示。

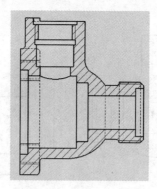

图 11-35 主视图剖切结果

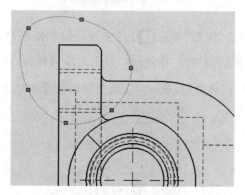

图 11-36 俯视图样条曲线

（a）

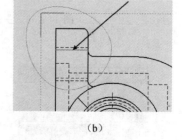

（b）

图 11-37 俯视图剖切选项

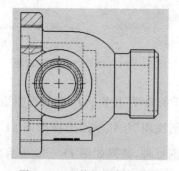

图 11-38 俯视图剖切结果

（10）单击"注解"→"中心线"按钮 ⊞ 和"中心符号线"按钮 ⊕，在所创建的各个视图中添加必要中心线及中心符号线，如图 11－39 所示。

图 11－39　"注解"工具栏

（11）单击草图工具栏中的"矩形"按钮 ▢，在左视图中绘制矩形如图 11－40 所示，单击"视图布局"→"断开的剖视图"按钮 ▣，选择剖切深度，选择图中一侧影轮廓线，如图 11－41 所示，单击"确定"按钮 ✔ 完成左视图的半剖处理，结果如图 11－42 所示。

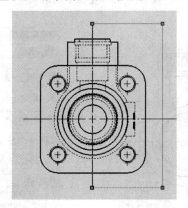

图 11－40　左视矩形

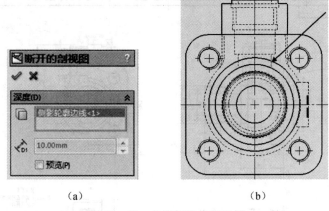

（a）　　　　　　　　　　　（b）

图 11－41　左视剖解位置选择

（12）单击选中主视图，弹出主视图属性管理器，在显示样式中选择"消除隐藏线"按钮，如图 11－43 所示。单击"确定"按钮 ✔，完成隐藏线消除命令。至此完成整个视图布局，结果如图 11－44 所示。

（13）单击"注解"→"智能尺寸"按钮 ◇，合理标注尺寸；单击"注解-表面粗糙度"，进行表面粗糙度标注；单击"注解-形位公差"按钮"注解-基准特征"，标注形位公差及基准；单击"注解"-"注释",在标题栏附近空白处添加技术要求,完成工程图绘制,结果如图 11-45 所示。

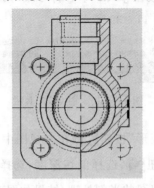

图 11-42　左视半剖结果

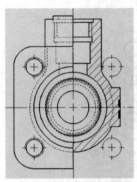

图 11-43　消除隐藏线

图 11-44　视图布局结果

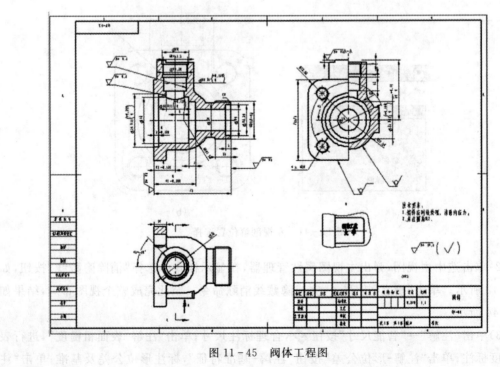

图 11-45　阀体工程图

（14）在 FeatureManager 设计树中右击图纸,选择编辑图纸格式,进入图纸格式编辑页面,在标题栏相应位置填写相关内容,在左上角填写图号。完毕后单击右上角退出编辑按钮,完成标题栏等的填写。

（15）单击标准工具栏中的 ▥ "保存"工具,文件取名为"阀体.drw"。

11.3.2　装配图

下面将上述完成的零件装配体转变为工程视图,操作步骤如下。

（1）单击标准工具栏中的 ▯ "新建"工具,在"新建 SolidWorks 文件"对话框中选择"工程图"模板。

（2）单击"高级"按钮,选择"gb_a2"纸张后,单击"确定"按钮,进入工程图的绘制模式。

（3）单击"模型视图"属性管理器中的"浏览"按钮,在"打开"对话框中选择"阀体.sldprt"文件,选择"前视""预览""隐藏线可见"和"自定义比例"选项,设置如图 11-46 所示,然后拖动鼠标并在图纸界面中单击,将主视图、俯视图及左视图拖放到合适的位置。

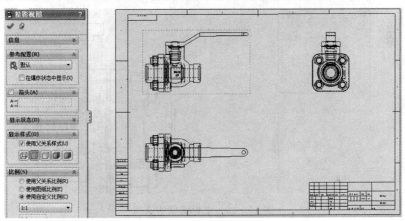

图 11-46　插入三视图

（4）单击草图工具栏中的"样条曲线"按钮 ∿,绘制闭合样条曲线,如图 11-47 所示,单击"视图布局"→"断开的剖视图"按钮,弹出图 11-48 所示对话框,选择"自动打剖面线"和"不包括扣件"选项,并选择不进行剖切的零部件,单击"确定",进入剖切深度选项,选择图 11-49 所示侧影轮廓线,单击"确定"完成主视图剖切。

（5）按照类似方法在主视图添加局部剖,过程及结果如图 11-50 和图 11-51 所示。

（6）单击"注解"→"中心线"按钮 ⊞ 和"中心符号线"按钮 ⊕,绘制必要中心线和中心符号线,对左视图进行半剖处理,按照上述阀体工程图绘制,对俯视图进行局部剖切处理。单击"视图布局"→"断裂视图"按钮 ⤳,对主视图和俯视图把手部分进行断裂处理。单击主视图调出"视图属性管理器",选择"显示样式"→"消除隐藏线"命令。右键单击左视图,选择"属性",调出工程图"属性"对话框,选择隐藏零件,将左视图中的把手隐藏,如图 11-52 所示,单击"确定",完成左视图。最终结果如图 11-53 所示。至此完成视图布局。

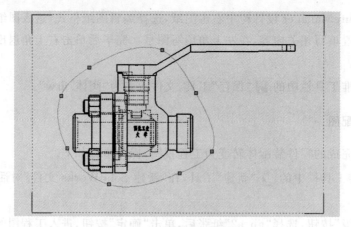

图 11-47　主视图样条曲线

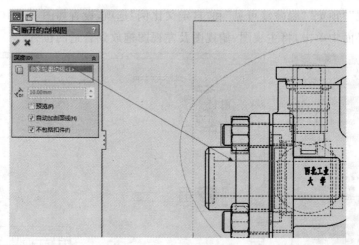

图 11-48　主视图剖切选项

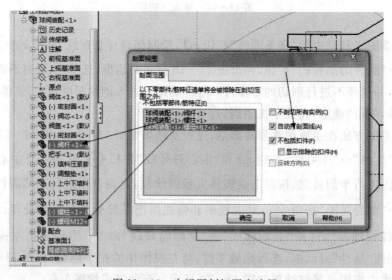

图 11-49　主视图剖切深度选择

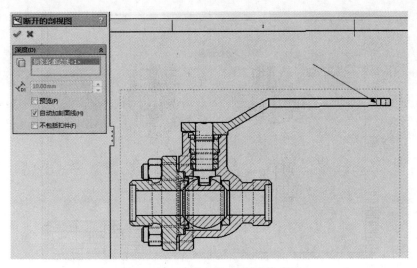

图 11-50　主视图局部剖深度选择

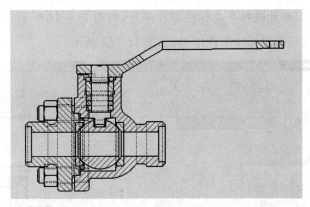

图 11-51　主视图局部剖切结果

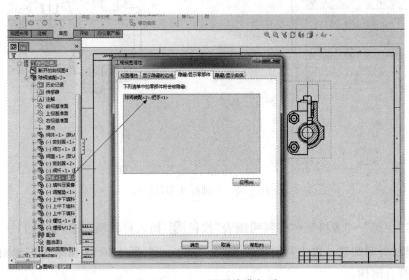

图 11-52　左视图隐藏把手

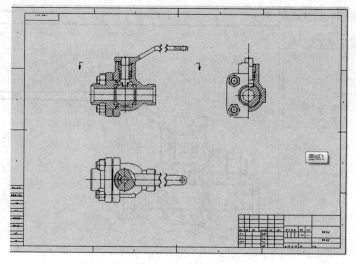

图 11-53　视图布局结果

(7)标注零件序号,在此选择手动标注零件序号,如图 11-54 所示。单击"注解"→"零件序号"按钮 ①,依照国标顺次标注零件序号,如图 11-55 所示。

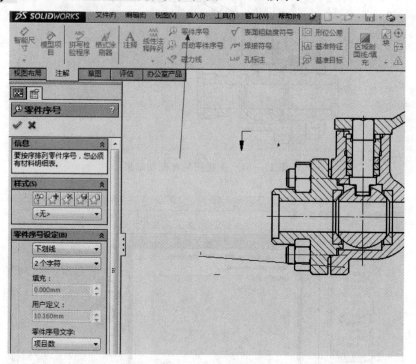

图 11-54　手动标注零件序号

(8)单击"注解"→"表格"→"材料明细表"按钮 ,插入材料明细表,如图 11-56 所示。

(9)编辑材料明细表。选中材料明细表,如图 11-57、图 11-58 所示进行编辑,使材料明细表尽可能符合国标。

(10)标注必要尺寸填写技术要求等。单击"注解"→"智能尺寸"按钮 ◇,进行必要尺寸标注。单击"注解"→"注释"按钮 **A**,在空白部分填写技术要求。装配图如图 11-59 所示。

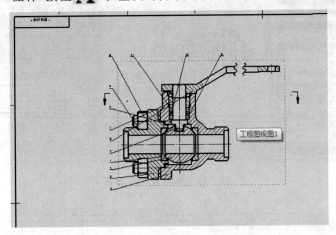

图 11-55　按顺时针标注零件序号

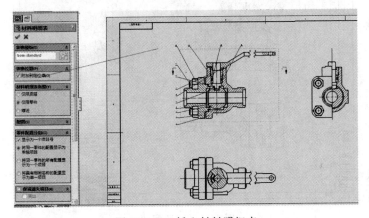

图 11-56　插入材料明细表

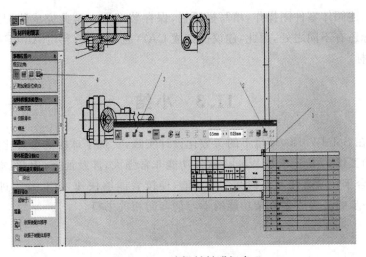

图 11-57　编辑材料明细表 1

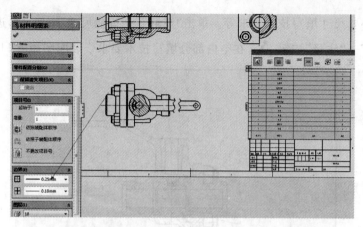

图 11-58　编辑材料明细表 2

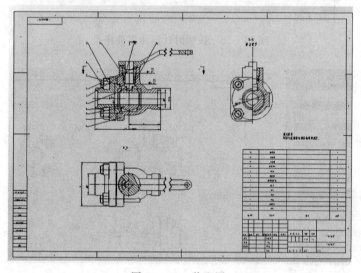

图 11-59　装配图

　　(11)按照上述阀体零件图操作,填写标题栏,保存装配图。至此完成装配图绘制,由于所出工程图与国标还有不同之处,因此,建议保存成 CAD 通用格式,利用 AutoCAD 等软件进行修改,以符合国标。

11.3　小结

　　至此,通过在 SolidWorks 环境下的参数化设计实践,实现了球阀的参数化建模、虚拟装配及工程图设计的工作。由于 SolidWorks 软件功能非常强大,涉及面广,因此,本章只介绍了一些基础内容,适合于初学者快速掌握其主要功能,使读者能够快速入门,并为进一步深入学习奠定基础。进一步的高级或者复杂功能的学习请参阅相关书籍。

附件 1:安全阀工程图

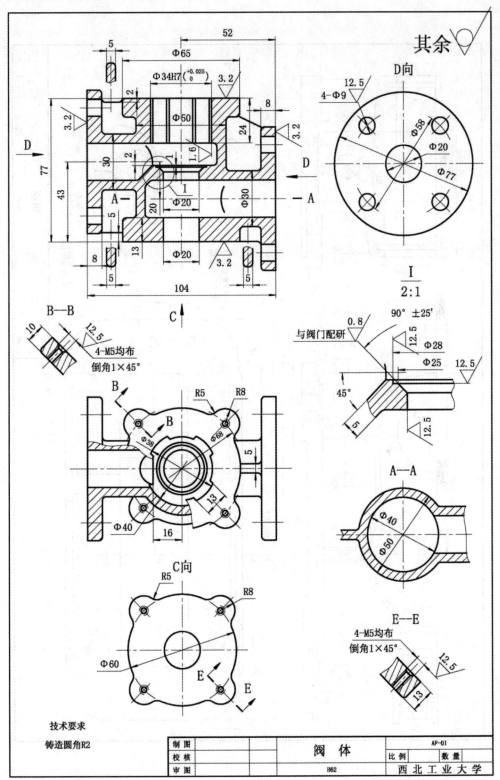

技术要求
铸造圆角R2

制图		阀 体	AF-01	
校核			比例	数量
审图		H62	西 北 工 业 大 学	

附件 2:减速器工程图

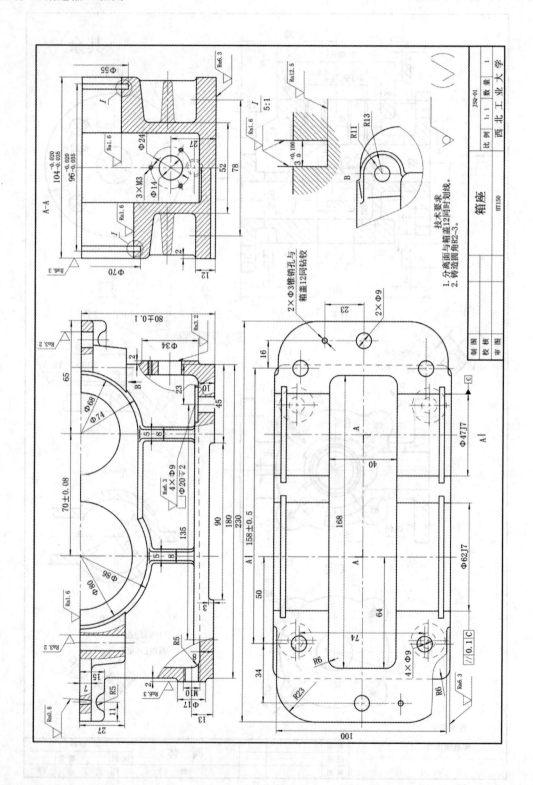

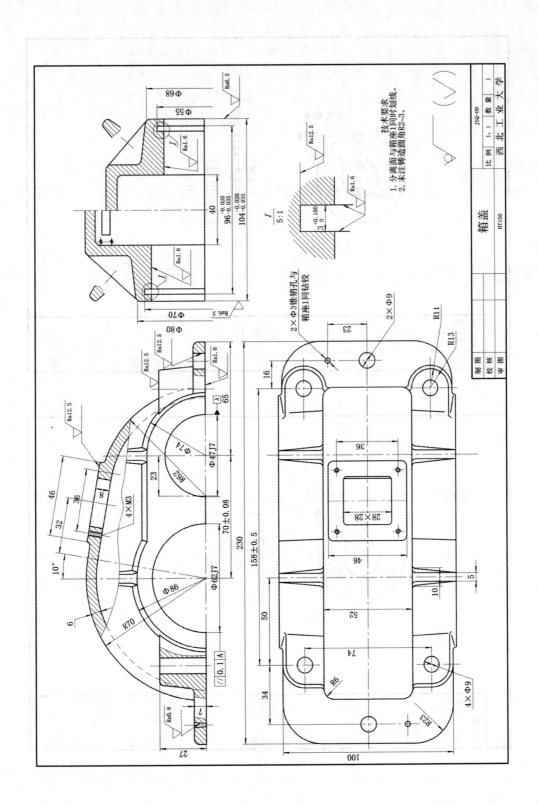

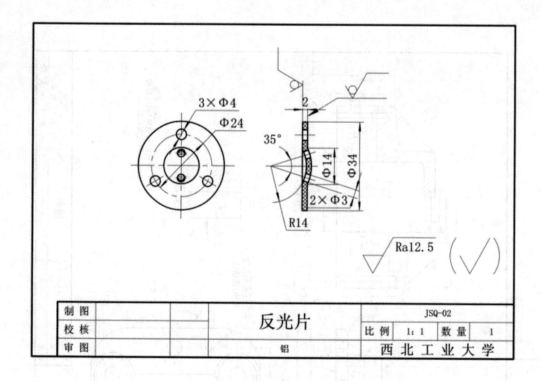

制 图			反光片		JSQ-02	
校 核					比 例 1：1	数 量 1
审 图			铝		西 北 工 业 大 学	

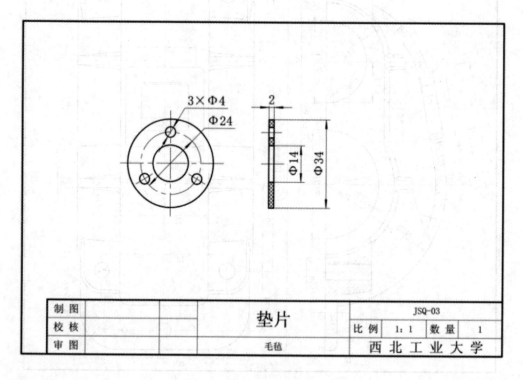

制 图			垫片		JSQ-03	
校 核					比 例 1：1	数 量 1
审 图			毛毡		西 北 工 业 大 学	

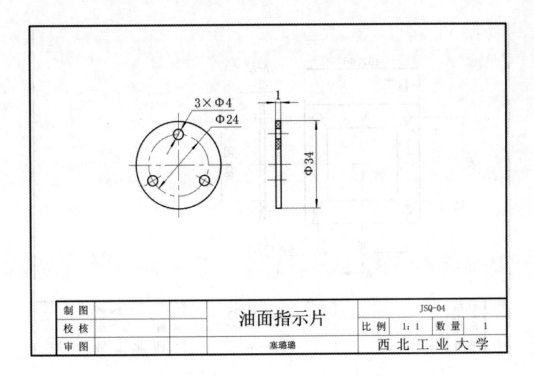

制 图			油面指示片	JSQ-04			
校 核				比 例	1：1	数 量	1
审 图			塞璐璐	西 北 工 业 大 学			

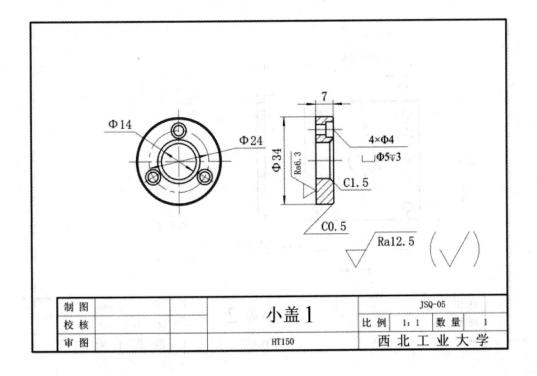

制 图			小盖 1	JSQ-05			
校 核				比 例	1：1	数 量	1
审 图			HT150	西 北 工 业 大 学			

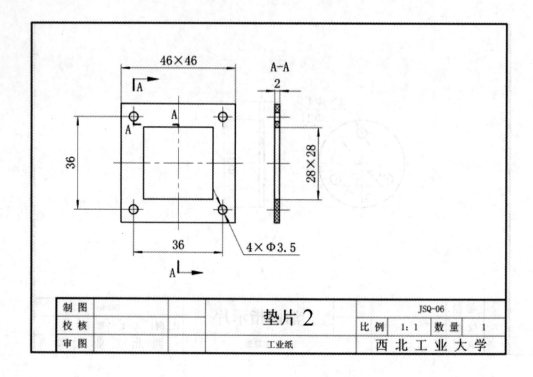

制 图			垫片2		JSQ-06	
校 核				比 例	1：1	数 量	1
审 图			工业纸	西 北 工 业 大 学		

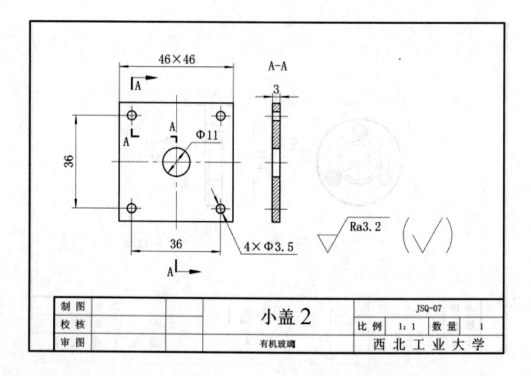

制 图			小盖2		JSQ-07	
校 核				比 例	1：1	数 量	1
审 图			有机玻璃	西 北 工 业 大 学		

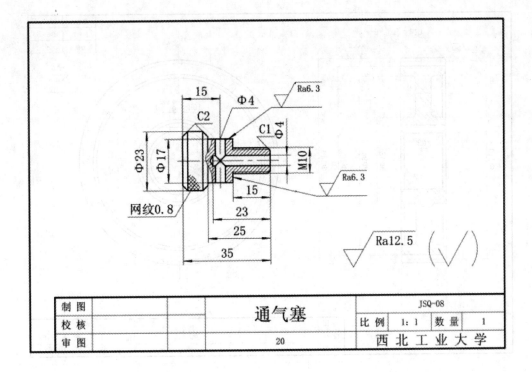

制 图			通气塞	JSQ-08			
校 核				比 例	1:1	数 量	1
审 图			20	西 北 工 业 大 学			

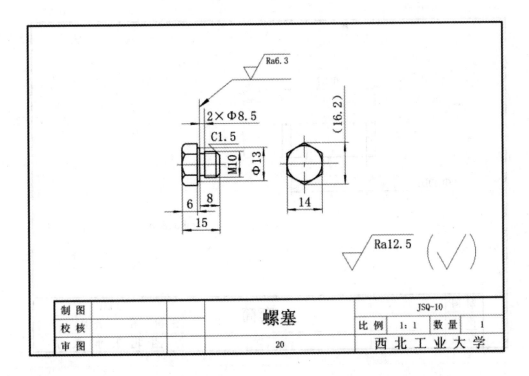

制 图			螺塞	JSQ-10			
校 核				比 例	1:1	数 量	1
审 图			20	西 北 工 业 大 学			

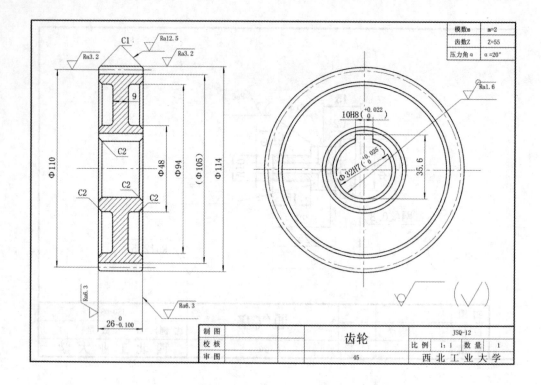

模数m	m=2
齿数Z	Z=55
压力角α	α=20°

齿轮

制 图			JSQ-12		
校 核			比 例	1：1	数 量	1
审 图		45	西 北 工 业 大 学		

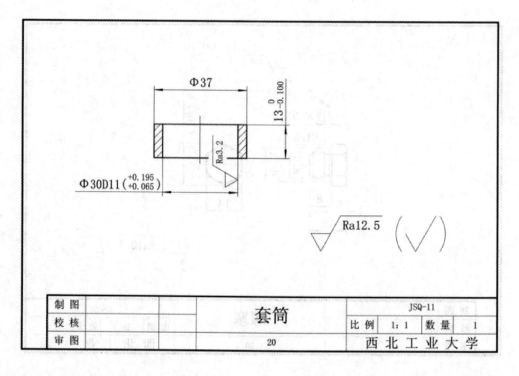

套筒

制 图			JSQ-11		
校 核			比 例	1：1	数 量	1
审 图		20	西 北 工 业 大 学		

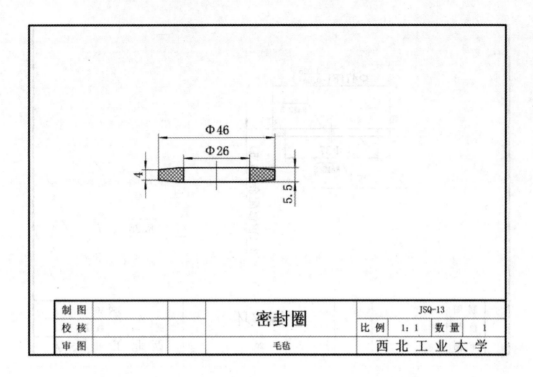

制 图			密封圈	JSQ-13	
校 核				比例 1:1	数量 1
审 图			毛毡	西 北 工 业 大 学	

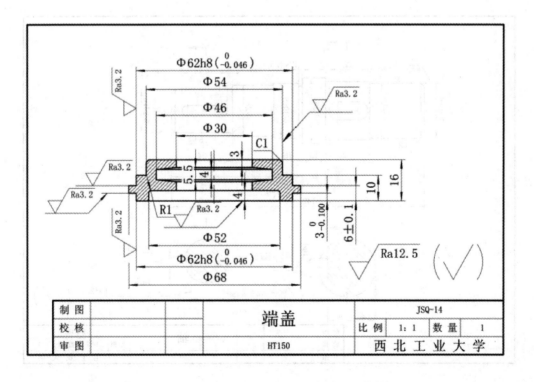

制 图			端盖	JSQ-14	
校 核				比例 1:1	数量 1
审 图			HT150	西 北 工 业 大 学	

附录

— 297 —

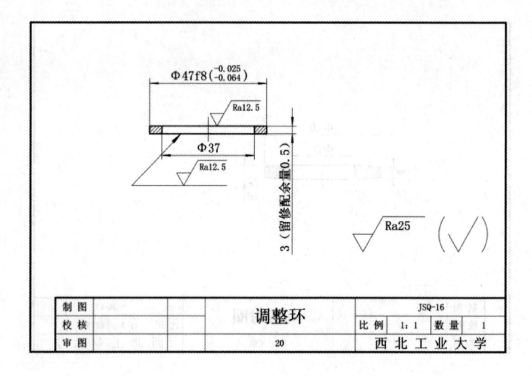

制 图			调整环		JSQ-16		
校 核				比 例	1：1	数 量	1
审 图			20	西 北 工 业 大 学			

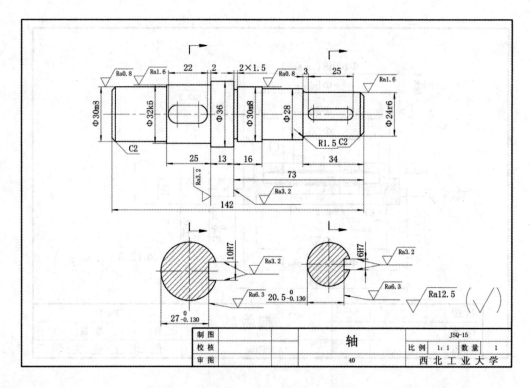

制 图			轴		JSQ-15		
校 核				比 例	1：1	数 量	1
审 图			40	西 北 工 业 大 学			

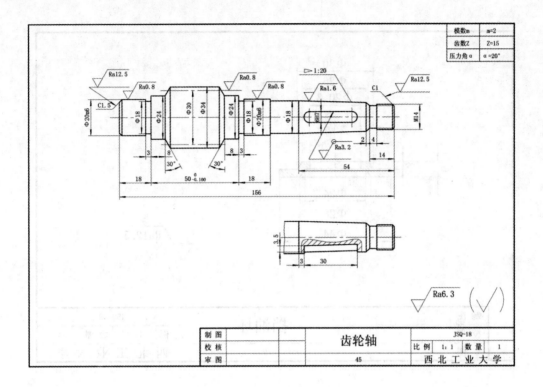

模数m	m=2
齿数Z	Z=15
压力角α	α=20°

制 图			齿轮轴	JSQ-18	
校 核				比 例	1:1	数 量	1
审 图		45		西 北 工 业 大 学	

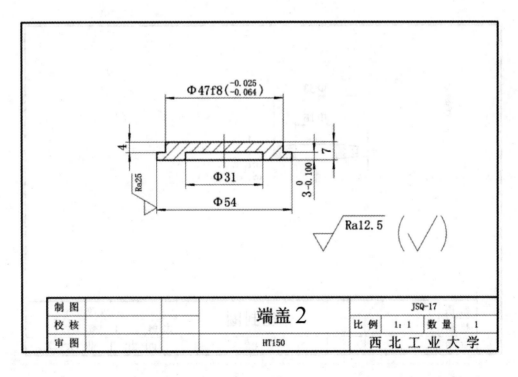

制 图			端盖2	JSQ-17	
校 核				比 例	1:1	数 量	1
审 图		HT150		西 北 工 业 大 学	

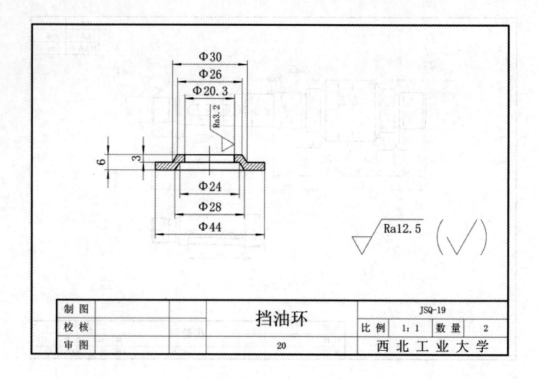

制 图			挡油环	JSQ-19			
校 核				比 例	1：1	数 量	2
审 图			20	西 北 工 业 大 学			

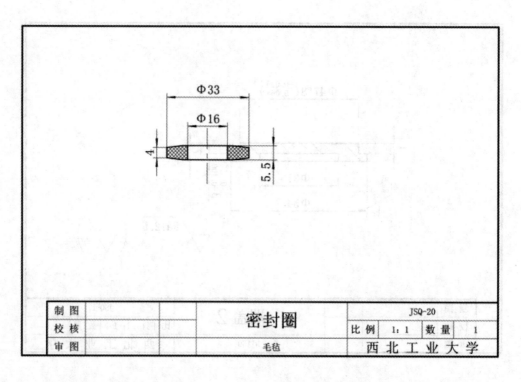

制 图			密封圈	JSQ-20			
校 核				比 例	1：1	数 量	1
审 图			毛毡	西 北 工 业 大 学			

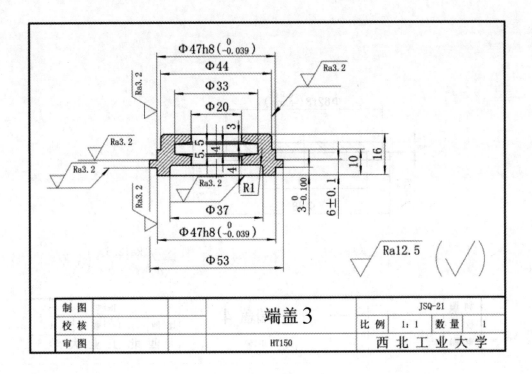

制 图			端盖3		JSQ-21			
校 核					比 例	1：1	数 量	1
审 图			HT150		西 北 工 业 大 学			

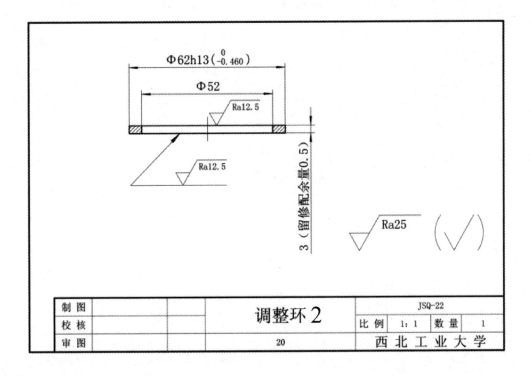

制 图			调整环2		JSQ-22			
校 核					比 例	1：1	数 量	1
审 图			20		西 北 工 业 大 学			

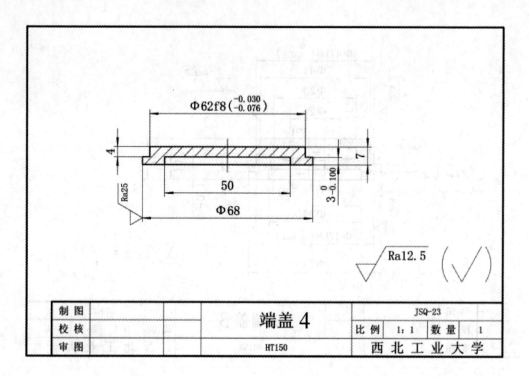

参考文献

［1］ 廖希亮，张敏，朱敬莉. 计算机绘图与三维造型［M］. 北京：机械工程出版社，2010.

［2］ 许国玉，罗阿妮，常艳艳. 计算机绘图教程［M］. 哈尔滨：哈尔滨工程大学出版社，2011.

［3］ 邢启恩，宋成芳. 从二维到三维：SolidWorks 2008 三维设计基础与典型范例［M］. 北京：电子工业出版社，2008.

［4］ 中国国家标准化管理委员会，GB/T16445－2012 机械工程 CAD 制图规则，2012.

［5］ 中国国家标准化管理委员会，GB/T 26099.1－2010 机械产品三维建模通用规则，2010.

［6］ 李鑫. 何为参数化，http：//wenku. baidu. com，2013.

参考文献

[1] 耿亮. 苏娟, 朱磊等. 计算机绘图与工程制图[M]. 北京: 机械工业出版社, 2010.
[2] 许慧丽. 霍艳英. 赵海英. 计算机绘图与机械制图[M]. 哈尔滨: 哈尔滨工程大学出版社, 2011.
[3] 陈智能. 张忠方. 从入门到精通 SolidWorks 2108 中文版. 建模与曲线曲面[M]. 北京: 电子工业出版社, 2008.
[4] 中国国家标准化管理委员会. GB/T 14115-2012 技术制图 CAD 制图规则[M]. 2012.
[5] 中国国家标准化管理委员会. GB/T 26099. 1-2010 机械产品三维建模通用规则[M]. 2010.
[6] 百度文库. http://wenku.baidu.com, 2019.